黄星天牛

桃红颈天牛成虫

桃红颈天牛高龄幼虫在树干内危害状

桃红颈天牛危害桃树，排出木虫粪

无花果天牛危害树干

星天牛在树干皮层内产卵

草履蚧危害桃树枝干

草履蚧危害桃树枝干

龟蜡蚧

梨圆介危害梨树枝条

苹果球蚧低龄若虫（白色）

苹果球蚧危害苹果树枝

斑衣腊蝉成虫在杨树树干上准备交尾产卵越冬

斑衣蜡蝉高龄若虫

斑衣蜡蝉卵块（已经孵化）

苹果绵蚜危害苹果树

苹果绵蚜危害苹果树新梢

苹果绵蚜危害树干

豹纹蠹蛾危害石榴枝条

梨茎蜂幼虫危害枝条

葡萄透翅蛾低龄幼虫

葡萄透翅蛾老熟幼虫

桃蛀螟成虫

桃蛀螟幼虫在石榴果内危害状

4

园林植物枝干害虫防治技术

主编 张 超 翟玉洛

河南科学技术出版社

·郑州·

图书在版编目（CIP）数据

园林植物枝干害虫防治技术/张超，翟玉洛主编.—郑州：河南科学技术出版社，2015.8

ISBN 978-7-5349-7837-1

Ⅰ.①园… Ⅱ.①张… ②翟… Ⅲ.①园林植物-植物害虫-防治 Ⅳ.S436.8

中国版本图书馆 CIP 数据核字（2015）第 147992 号

出版发行：河南科学技术出版社

地址：郑州市经五路 66 号　　邮编：450002

电话：（0371）65737028　65788613

网址：www.hnstp.cn

策划编辑：陈淑芹

责任编辑：张　鹏

责任校对：陈明辉

封面设计：张　伟

版式设计：栾亚平

责任印制：朱　飞

印　　刷：郑州金秋彩色印务有限公司

经　　销：全国新华书店

幅面尺寸：140 mm×202 mm　　印张：8.25　　字数：235 千字　　彩页：4 面

版　　次：2015 年 8 月第 1 版　　2015 年 8 月第 1 次印刷

定　　价：16.00 元

如发现印、装质量问题，影响阅读，请与出版社联系并调换。

《园林植物枝干害虫防治技术》
编写人员名单

主　　编　张　超　翟玉洛
副 主 编　王光民　王珍珍　彭　玮　水润廷
编写人员　（按姓氏笔画排序）
　　　　　王光民　王珍珍　水润廷　张　超
　　　　　彭　玮　翟玉洛

前　言

近年来，随着城市园林格局的大幅度调整，植物配置多样化、栽培方式多样化、苗木品种来源多样化，加之城市人口增多、环境污染加重等，使得原本生态脆弱、自我控制力差的城市人造植物群落病虫危害加重，这无疑对城市园林植物保护工作提出了新的挑战和更高的要求。20世纪90年代后期，各地加大了园林植物病虫害防治力度。为提高园林植保人员对城市园林植物枝干类害虫的认识，改善和提升防治措施，我们组织了相关专业技术人员编写了本期培训教材，以期能对园林生产有所帮助。

本书分十七章，内容包括天牛类（31种）、木蠹蛾类（10种）、透翅蛾类（8种）、螟蛾类（8种）、蠹虫类（15种）、细蛾类（3种）、吉丁虫类（13种）、象甲类（14种）、蜂类（4种）、蚧类（31种）、蜡蝉类（7种）、蝉类（4种）、绵蚜类（5种）、壁虱类（6种）、白蚁类（6种）、木虱类（8种）、其他类（4种）等177种害虫，详细介绍了每种害虫的分类地位、分布区域、寄主植物、形态特征、危害症状、发生规律、防治方法。并结合我们的生产、科研等，配有黑白插图240幅，并附30幅彩图。

本书由张超策划，并负责资料的收集、前言的撰写、目录的编排等工作，编写了第一章、第四章，共计5.4万字；翟玉洛编写了第二章、第七章、第十一章、第十二章、第十三章，共计

5.1万字；贺青琴编写了第三章、第五章，共计3.2万字；王光民编写了第六章、第十章一至二十六部分，共计3.3万字；王珍珍编写了第八章、第十四章、第十七章，共计3.1万字；彭玮编写了第九章、第十章二十七至三十一部分、第十五章、第十六章，共计3.1万字。

本书的编写是集体智慧的结晶。本书图文并茂，资料翔实准确，语言通俗易懂，指导性、针对性强，突出系统性、科学性、实用性。普及和提高相结合，以实用技术为主，技术要点力求简明扼要，便于实际操作，是从事园林生产、教学、科研人员的良好参考书。

在本书的编写过程中，参阅了国内外学者的研究成果，参考了互联网和大量有关专业文献，在此向有关作者和单位表示衷心的感谢。同时，限于我们的水平，难免有疏漏和错误之处，敬请广大读者批评指正。

编者

2014年12月

目 录

第一章 天牛类

一、星天牛

星天牛属鞘翅目天牛科。国内分布十分普遍，危害水果、干果、绿化树种等。

形态特征 雌成虫体长 32mm，雄成虫体长 22mm；体漆黑色，有光泽，具小白斑；头部中央有 1 条纵凹陷。触角鞭状 11 节；第 1~2 节为黑色，其余各节前部为黑色，后部为蓝白色。雄成虫触角是体长的 2 倍，雌成虫触角短，仅为体长的 1/4；前胸背板中瘤两侧各有刺突 1 个；小盾片及足的附节被淡青色细毛；鞘翅基部有黑色颗粒状突起，间有白色细毛组成的斑点。卵长椭圆形，略弯曲，初黄白色，孵化前为黄褐色。幼虫体淡黄色，前部前端褐色。前胸背板前方左右各有一曲形斑纹，黄褐色。后部有一隆起的凸形斑纹，黄褐色。蛹长30mm，裸蛹。初乳白色，逐渐变为黑褐色。触角细长，弯曲。

图1　星天牛成虫

危害症状　成虫啃食细枝嫩芽。幼虫蛀食树干韧皮部与木质部。幼虫在蛀入木质部以前，在皮下蛀食，达地平线后，才向树干基部周围扩展迂回蛀食，形成不规则树液溢出，致使树势衰弱，枝叶发黄，重者整株枯死。

发生规律　江浙一带1年发生1代，北方地区2~3年发生1代，以幼虫在寄主基部木质部或根内越冬。成虫自4月下旬至5月上旬出现，5~6月为羽化盛期。成虫羽化后4~7d身体变硬后从羽化孔爬出，咬食寄主嫩枝皮层、叶片补充营养。5月底至6月中旬为产卵盛期，卵多产于树干33~67cm高处。幼虫孵化后，在蛀入木质部以前，在皮下蛀食，达地平线后，才向树干基部周围扩展迂回蛀食，形成不规则树液溢出。

防治方法

（1）人工防治。成虫发生期，晴天中午捕捉树干基部及梢部成虫；卵期，用刀挑刺卵粒；6~8月树干涂白（按生石灰1份，硫黄粉1份，水40份，并加食盐少许）阻止产卵；7~10月，用小刀挑开皮层，刺杀幼虫。

（2）药剂防治。用80%敌敌畏乳油10~50倍液涂抹产卵痕，杀初龄幼虫；高龄幼虫可用40%氧化乐果乳油或80%敌敌畏乳油

10~15 倍液药棉球塞入蛀孔，或用注射器向蛀道内注射药液，再用湿泥封堵虫孔。

二、光肩星天牛

光肩星天牛属鞘翅目天牛科。全国分布十分普遍，寄主植物为水果、干果、绿化树种等。

形态特征　成虫体长 17.5~39mm，体黑，略带紫铜色光泽；触角丝状 11 节，呈黑、淡蓝相间的花纹；鞘翅基各具 20 多个大小不等白色毛斑，呈不规则 5 横列。卵长椭圆形，长 5.5~7mm，微弯，初乳白，孵化前淡黄色。幼虫体长 50~60mm，头大部分缩入前胸内，外露部分深褐色，体乳白至淡黄白色，前胸背板后半部具褐色凸形斑纹，凸顶中间有一纵裂缝；腹板的主腹片两侧无锈色卵形针突区。蛹长 20~40mm，初乳白，羽化前黄褐色。

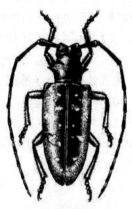

图 2　光肩星天牛成虫

危害症状　成虫食叶和嫩枝的皮；幼虫在枝干皮层和木质部内蛀食，向上蛀食，隧道内有粪屑，削弱树势，重者枯死。

发生规律　南方 1 年发生 1 代，北方 2~3 年发生 1 代，均以幼虫于隧道内越冬。寄主萌动后开始危害。在北方经 2~3 个冬天的幼虫，于 5 月中

图 3　光肩星天牛危害状

下旬在隧道内化蛹，羽化后成虫咬羽化孔出树，补充取食后交配产卵，卵产于枝干上，初孵幼虫在刻槽附近蛀食，8月中旬蛀入木质部。10月下旬至11月于隧道内越冬。

防治方法

（1）及时伐除衰老的杨、柳及榆等虫源树。冬季修剪时，及时锯掉多虫枝，集中处理。

（2）6~8月人工捕捉成虫。

（3）7~8月在新产卵槽上涂抹20%菊·杀乳油10倍液或1：20的煤油与溴氰菊酯混合液毒杀初孵幼虫；4月、8月往虫孔注入40%氧化乐果乳油或80%敌敌畏乳油8倍液，每厘米干径用液25mL；5月、8~9月幼虫初孵化盛期，在有产卵槽的枝干上喷洒20%菊·杀乳油500~800倍液。

三、黄星天牛

黄星天牛属鞘翅目天牛科。分布于河北、江苏、浙江、安徽、江西、四川、云南、台湾等省。寄主植物有桑、无花果、油桐、枇杷、柑橘、柳等。

形态特征　成虫体长15~23mm，黑褐色，密生黄白色或灰绿色短绒毛，具黄色点纹。头顶有1条黄色纵带，触角较长，雄虫触角为体长的2.5倍，雌虫触角为体长的2倍。前胸两侧中央各生1个小刺突，左右两侧各具1条纵向黄纹与复眼后的黄斑点相连，鞘翅上生黄斑点十几个。胸腹两侧也有纵向黄纹，各节腹面具黄色斑2个。卵长4mm，圆柱形，浅黄色，一端稍尖。末龄幼虫体长22~32mm，圆柱形，头部黄褐色，胸腹部黄白色，第1胸节背面具褐色长方形硬皮板，花纹似"凸"字，前方两侧具褐色三角形纹。蛹长16~22mm，纺锤形，乳白色，复眼褐色。

危害症状 成虫危害桑枝皮层、树叶，致枝条枯死；幼虫蛀食枝条皮层，后从上而下向木质部蛀食，形成盘旋状食道，隧道中堆满排泄物，造成皮层干枯破裂及桑枝干枯，桑株被蛀通则枯死。

发生规律 江苏、浙江1年发生1代，广东2代，均以幼虫越冬。翌年3月中旬开始活动，6月上旬化蛹，7月上旬羽化。羽化后先在梢端食害枝条嫩叶，经15d开始产卵，7月下旬进入产卵盛期，卵多产在直径28~45mm枝干上，产卵痕约3mm，呈"一"字形，每痕内产卵1~2粒，每雌产卵182粒。卵期10~15d，8月上旬进入孵化盛期。初孵幼虫先在皮下蛀食，把排泄物堆积在蛀孔处，长大后才蛀入木质部，形成隧道，到11月上旬在隧道里或皮下蛀孔处，用蛀屑填塞孔口后越冬。

防治方法

（1）早春或秋冬及时砍伐枯立木、濒死木进行灭疫处理；5月成虫羽化期，人工捕杀或设饵木诱杀、YW-3型环保防护型昆虫趋性诱杀器或黑光灯诱杀。

（2）发现新木屑，用铁丝刺杀蛀道内的幼虫。

（3）注意保护花绒坚甲、黑绒坚甲、啄木鸟、周氏啮小蜂（寄生未孵化的卵）、管氏肿腿蜂、茧蜂及自然生态中的白僵菌等天敌。

（4）成虫发生期释放商品周氏啮小蜂、管氏肿腿蜂或喷洒白僵菌可湿性粉剂；也可用0.65%茼蒿素500倍液，0.3%印楝素乳油1 500倍液，或1.1%烟百素乳油1 000倍液，或27%皂素烟碱溶剂400倍液，或0.26%苦参碱水剂500倍液，或5%速杀威乳油4 000倍液等喷洒寄主植物，杀卵和初孵幼虫。幼虫蛀干危害期，也可用1亿条活线虫泡沫塑料包装袋对水30L配制的芜菁夜蛾线虫悬浮液，注满整个虫道，效果良好。

四、黄斑星天牛

黄斑星天牛属鞘翅目天牛科。主要分布于陕西、甘肃、宁夏、河北、河南等省区。主要危害木麻黄、杨、柳、榆、刺槐、核桃、桑、红椿、楸、乌桕、梧桐、相思树、苦楝、悬铃木、母生、栎、柑橘等。

形态特征　成虫体黑色，前胸背板和鞘翅具古铜或青绿光泽，小盾片、鞘翅上绒毛斑呈乳黄色至姜黄色，排成不规则的 5 横行，第 1、2、3、5 行常各为 2 个斑，第 4 行 1 个斑，第 1、5 行斑较小，第 3 行两斑接近或愈合为 1 个斑。卵长椭圆形，长 5~6mm，宽 2mm，乳白色至淡黄色。老熟幼虫体长 40~50mm，前胸最宽处 8~10mm，圆柱形，淡黄色。头小、褐色、横宽，半缩于前胸之内。蛹长 28~40mm，淡黄色，头部倾于前胸下，触角呈发条状，由两侧卷曲于腹面。腹部可见第 9 节，以第 7、8 节最长。

危害症状　在树干或木材上，有直径 1cm 左右的圆洞（称成虫羽化孔）；或有 1cm 长的横刻槽，挑开刻槽皮有 1~1.5cm 的椭圆形黑色伤疤，内有乳黄色或淡红色卵 1 粒；或有幼虫蛀孔，排出长木丝状粪便（伤口不流树汁）；或上述三种情况皆有。

发生规律　华北地区 2 年发生 1 代，以幼虫在寄主木质部越冬。越冬幼虫翌年 3 月以后开始活动；成虫于 6 月下旬开始羽化，7 月中下旬为羽化盛期。成虫羽化后啃食寄主幼嫩枝梢的树皮补充营养，10~15d 后才交尾，一般在 9~18 时交尾，雌雄成虫一生交尾多次。雌虫产卵前先在树皮上咬宽约 5mm、长 8mm、深 2mm 的"T"形或"人"形刻槽，每槽内产卵 1 粒，卵产于刻槽上方 6~10mm 处，每只雌虫一生平均可产卵 45.6 粒，最多可达 71 粒，且以胸径 6~15cm 的树干居多。产卵处离地面高度随树龄增加而逐年上升。雌虫寿命平均 32d，雄虫寿命平均 24d，雌雄比例为 1:1。

防治方法

（1）选择免疫、抗虫树种，如臭椿、白蜡、国槐、刺槐及抗天牛的杨树品种，营造混交林，加强抚育管理，提高抗虫性能。

（2）及时清除严重被害木，用水浸（30~50d）、熏蒸（磷化铝 7~10g/m³，7d）或烧毁等方法进行灭虫处理；严格执行检疫制度，防止人为传播。

（3）4~5 月或 9 月初幼虫在树干皮层下取食，用 50% 杀螟松乳油 100~200 倍液，或 40% 氧化乐果乳油 200~400 倍液喷射树干，毒杀幼虫。

（4）8 月在成虫羽化高峰期，发动群众捕捉成虫，9 月至翌年 3 月，人工灭卵。

（5）4~9 月将蛀孔中的粪便木屑去除，插入毒扦或用杀螟松、马拉硫磷、敌敌畏水溶液注孔或用毒泥堵孔。

五、黑星天牛

黑星天牛属鞘翅目天牛科。分布于河北、河南、江苏、浙江、湖北、广西、江西、四川、湖南、安徽等省区。寄主植物为栎、柳、杨、榆、栗、漆等。

形态特征 成虫体粗壮，漆黑色，具光泽。雌体长 35~45mm。触角粗壮，黑褐色，长于身体 3 节；前胸背板宽大于长，侧刺突粗壮；中胸小盾片舌形；鞘翅长，肩较宽；腹部末节外露。雄体长 28~39mm；触角长于身体；腹末被鞘翅覆盖。卵长椭圆形，两端略细而圆，中间稍弯；初为白色，孵化前逐渐变黄。初孵幼虫体长 10mm，乳白色；头部褐色。老熟幼虫体长 47~58mm，黄白色；头褐色，前缘黑褐色；前胸背板棕褐色，后缘有"凸"

形骨化棕色纹。蛹长 30 ~
46mm，白色，纺锤形。

危害症状 幼虫蛀食
树干或枝条，由皮层逐渐
深入到木质部，造成各种
形状的隧道，其内充满虫
粪或木屑。成虫可啃食枝
条皮层或取食叶片。被害
树树势衰弱，枝条枯死，
严重时整树死亡。

图 4　黑星天牛成虫

发生规律 2 年发生 1
代，以老熟幼虫在树干基部或主根内越冬。翌年 4 月化蛹，5 月
中旬羽化为成虫，6 月上旬至 7 月上旬为成虫活动盛期。卵单产
于树干基部 30 ~ 80cm 处的树皮下，幼虫孵化后在皮层与木质部
之间向下蛀食直至根部 30cm 以下，树干茎部常有木屑状蛀粉。

防治方法

（1）成虫发生期进行人工捕捉。成虫产卵期，发现卵痕，
用小刀刮除或刺破卵粒。寻找粪孔，用铁丝掏出虫粪和木屑，刺
杀幼虫。

（2）树干基部地面发现虫粪时，用棉球蘸 80% 敌敌畏乳油 8
倍液，塞入虫洞或用兽医用注射器将药液注入。或将 56% 磷化铝
片剂分成 10 粒，每孔 1 粒，用泥土封口。

六、槐黑星虎天牛

槐黑星虎天牛属鞘翅目天牛科。分布于北京、江苏等省市。
寄主植物为国槐、桑、榆、大枣等。

形态特征 成虫体扁平，黑褐色。前胸背板有 6 个黄色小圆

斑，沿两侧分布。鞘翅淡褐色，被覆稀疏淡黄或白色细毛且具黑色斑纹；每鞘翅侧缘中部有一钩状纹；其余翅面尚有 9 个斑点，其中前半部 6 个，后半部 3 个。触角第 3~5 节基部具白毛，第 6、7 节密布白色毛，端部 4 节具黑色毛。卵乳白色，长椭圆形。幼虫初乳白色，后渐变淡黄色，体侧密生黄棕色细毛，前胸较宽广，虫体前半部各节略呈扁长方形，后半部稍呈圆筒状。初化蛹乳白色，后渐变淡黄色，后变黄褐色有光泽。蛹体长 16~22mm。

危害症状 蛀干危害，造成树势衰弱，移植后待缓苗的景观树木被其危害至疮痍满目，严重时树木枯萎，树皮脱落。

发生规律 2 年发生 1 代，以蛹在寄主内越冬。越冬蛹翌年 3~4 月羽化成虫。成虫喜爬行，少有飞翔，遇惊扰即快速爬行，喜在树干的背阴面；雄成虫在室外温度较高时追逐雌成虫交尾。产卵前，成虫将产卵器伸入衰弱的枝干树皮缝隙木栓层与韧皮部，将卵产于其内。孵化幼虫当年秋季可化蛹越冬。先由隧道端部蛀入木质部深处，隧道呈不规则形，蛹室在隧道的末端，幼虫越冬前就做好通向外界的羽化孔，未羽化外出前，孔外树皮仍保持完好。幼虫由上而下蛀食，在树干中蛀成弯曲无规则的隧道，在形成层与木质部聚集高密度的粪便。蛀道宽窄差异较大，窄者 0.5mm，宽者 12mm。9 月幼虫老熟进入预蛹期，预蛹时虫体前胸及腹部长条状，在气温 18~21℃ 时需 10~13d，预蛹前幼虫用木屑堵住出入孔筑一蛹室，在内预蛹、越冬及羽化成虫。幼虫一生钻蛀隧道全长可达 20~30cm，在形成层与木质部堆积有大量粪便及木屑，有少量木屑排出树皮外，只能以此踪迹发现该虫。该虫危害绿化移植大树。受害严重的树干被蛀空，虫道纵横交错濒临枯萎，树皮脱落。笔者在一株 15 年生枯萎的槐树上调查发现有虫近 100 头。

防治方法

参考其他天牛的防治方法。

七、菊小筒天牛

菊小筒天牛属鞘翅目天牛科。华北、东北、西北、华东、华南地区均有分布。寄主植物为多种菊花、榆树。

图 5　菊小筒天牛成虫

形态特征　成虫圆柱形，头、胸和鞘翅黑色，体长 11～12mm。触角线状 12 节，与体近等长。前胸背板中央具 1 个橙红色卵圆形斑，鞘翅上披有灰色绒毛，腹部、足橘红色。雄天牛触角比身体长，雌虫短。卵长 2～3mm，长椭圆形，浅黄色，表面光滑。末龄幼虫体长 9～10mm，圆柱形，乳白色至淡黄色，头小，前胸背板近方形，褐色，中央具 1 条白色纵纹。胸足退化，腹部末端圆形，具密集的长刚毛。蛹为离蛹，长 9～10mm，浅黄色至黄褐色。腹末具黄褐色刺毛多根。

危害症状　成虫啃食茎尖 10cm 左右处的表皮，出现长条形斑纹，产卵时把菊花茎鞘咬成小孔，造成茎鞘失水萎蔫或折断。幼虫钻蛀取食，造成受害枝不能开花或整株枯死。

发生规律　1 年发生 1 代，以幼虫、蛹或成虫潜伏在菊科植物根部越冬，幼虫常占 50%，成虫和蛹各占 25%。翌年 4～6 月成虫外出活动，5 月上旬至 8 月下旬进入幼虫危害期，8 月中下旬至 9 月上中旬开始越冬。该虫白天活动，9～10 时及 15～16 时最活跃，多在上午交尾，14～15 时产卵，卵单产，卵期 12d。初孵幼虫在茎内由上向下蛀食，蛀至茎基部时，从侧面蛀一排粪孔，还没发育好的幼虫又转移他株由下向上危害，幼虫期 90d 左右，末龄幼虫在根茎部越冬或发育成蛹或羽化为成虫越冬。

防治方法

（1）每年于4月下旬至5月上旬菊花母株分根繁殖时，挖根部土壤查越冬成虫。6~7月进入成虫活动期，于清晨露水未干时在田中捕杀成虫和灭卵。

（2）发现菊花茎鞘萎蔫时，从断茎以下4~5mm处摘除，集中处理。

（3）找新鲜虫孔，用注射器注入40%氧化乐果乳油或50%杀螟松乳油或50%敌敌畏乳油200倍液，使药剂进入孔道，再用泥封住虫孔。还可用3%辛硫磷颗粒剂0.3g裹上棉球从虫孔塞入，外用棉花塞住。

（4）天敌有赤腹茧蜂、姬蜂、肿腿蜂等。

八、菊天牛

菊天牛属鞘翅目天牛科。分布于四川、安徽、北京、浙江、陕西等省市。寄主植物为菊花、白术、茵陈蒿、艾纳金等。

形态特征　成虫圆柱形，头、胸和鞘翅黑色，体长11~12mm。触角线状12节，与体等长。前胸背板中央具1个橙红色卵圆斑，鞘翅上被灰色绒毛，腹部、足橘红色。雄天牛触角比身体长，雌虫短。卵长2~3mm，长椭圆形，浅黄色，表面光滑。末龄幼虫体长9~10mm，圆柱形，乳白色至淡黄色，头小，前胸背板近方形，褐色，中央具1条白色纵纹。胸足退化，腹末端圆形，具密集的长刚毛。蛹，离蛹，长9~10mm，浅黄色至黄褐色。腹末具黄褐色刺毛多根。

危害症状　成虫啃食茎尖表皮，出现长条形斑纹，产卵时把菊花茎鞘咬成小孔，造成茎鞘失水萎蔫或折断。幼虫钻蛀取食，受害枝不能开花或整株枯死。

发生规律 1 年发生 1 代，以幼虫、蛹或成虫潜伏在菊科植物根部越冬，幼虫常占 50%，成虫和蛹各约占 25%。翌年 4~6 月成虫外出活动，5 月上旬至 8 月下旬进入幼虫危害期，8 月中下旬至 9 月上中旬又开始越冬。该虫白天活动，9~10 时及 15~16 时最活跃，多在上午交尾，14~15 时产卵。初孵幼虫在茎内由上向下蛀食，蛀至茎基部时，从侧面蛀一排粪孔，幼虫具有转株危害习性，幼虫期 90d。末龄幼虫在根茎部越冬或发育成蛹或羽化为成虫越冬。天敌有赤腹茧蜂、姬蜂、肿腿蜂等。

防治方法

（1）于 4 月下旬至 5 月上旬菊花母株分根繁殖时，挖根部土壤查越冬成虫。6~7 月进入成虫活动期，于清晨露水未干时在田中捕杀成虫和灭卵。

（2）发现菊花茎梢萎蔫时，从断茎以下 4~5mm 处摘除，集中处理。

（3）找新鲜虫孔，用注射器注入 40%氧化乐果乳油或 50%杀螟松乳油或 50%敌敌畏乳油的 200 倍液，使药剂进入孔道，再用泥封住虫孔。还可用 3%辛硫磷颗粒剂 0.3g 裹上棉球从虫孔塞入，外面用棉花塞住。

九、桑天牛

桑天牛属鞘翅目天牛科。东北、华北、华东、西南、华南地区均有分布。寄主植物为桑、构、无花果、白杨、欧美杨、柳、榆、苹果、沙果、樱桃、梨、野海棠、柞、楮、刺槐、树豆、枫杨、枇杷、油桐、花红、柑橘等。

形态特征 成虫体黑褐色，密生暗黄色细绒毛；触角鞭状；第 1、2 节黑色，其余各节灰白色，端部黑色；鞘翅基部密生黑瘤突，肩角有黑刺 1 个。卵长椭圆形，稍弯曲，乳白或黄白色。

老龄幼虫体长 60mm，乳白色，头部黄褐色，前胸节特大，背板密生黄褐色短毛和赤褐色刻点，隐约可见"小"字形凹纹。蛹初为淡黄色，后变黄褐色。

危害症状 成虫食害嫩枝的皮和叶；幼虫于枝干的皮下和木质部内，向下蛀食，隧道内无粪屑，隔一定距离向外蛀1 个通气排粪屑孔，排出大量粪屑，削弱树势，重者枯死。

发生规律 长江以南 1 年发生 1 代，黄河以北 2 年发生1 代，以幼虫在虫道内越冬。4月底5 月初开始化蛹，5 月中旬为盛期。6 月上旬至 8 月为成虫期，6 月中旬至 7 月中旬为盛期。

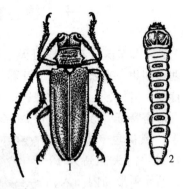

图6 桑天牛
1. 成虫 2. 幼虫

防治方法

（1）成虫发生期，利用其上午 9 时前和雨后不善飞行的习性，以及咬食枝条皮层的危害状，人工捕捉成虫。也可用棍棒敲打枝干，将其惊落地面，然后收集消灭。

（2）果园周围不要栽植桑树，也不能与桑类混栽。

（3）成虫初发期，在树干和大枝上喷 50%辛硫磷乳油或50%杀螟松乳油 1 000 倍液，12~15d 后再喷 1 次，可消灭成虫于产卵之前。

（4）成虫发生期，经常检查产卵伤口和排粪情况，如有发现，可用小刀等利器刺入产卵刻槽，即可把卵杀死。

（5）磷化铝熏杀幼虫。用 52%磷化铝片（每片 3g），按每个虫孔 1/6 片的用量，用镊子将药片塞入虫孔，并立即用泥封严。

对连片的虫孔，可用塑料薄膜包严，膜内放磷化铝片，每立方米放药 4~5 片，但施用此药时要特别注意安全。

十、锈色粒肩天牛

锈色粒肩天牛属鞘翅目天牛科。分布于河南、山东、福建、广西、四川、贵州、云南、江苏、湖北、浙江等省区。寄主植物为槐树、柳树、云实、黄檀、三叉蕨等。

形态特征 雄成虫体长 28~33mm，雌虫体长 33~39mm。长方形，黑褐色，密被锈色短绒毛。头额高大于宽，两侧弧形向内凹入，中沟明显，直达后头后缘。触角 10 节。卵长椭圆形，白色。老熟幼虫体长 76mm，体圆柱形略扁。蛹长 35~42mm，黄褐色，裸蛹。

图 7　国槐树干上的锈色粒肩天牛成虫

危害症状 主要以幼虫危害园林观赏树种的韧皮部及木质部，轻者造成树势衰弱，重者枯死。

发生规律 黄河流域 2 年发生 1 代，以幼虫越冬。翌年 4 月上旬幼虫开始取食，5 月上旬开始化蛹，至 5 月下旬。6 月上旬成虫出现，6 月中下旬为成虫出现高峰期。成虫将卵产于槽内，用分泌物覆盖。幼虫孵化后先危害韧皮部，然后蛀入木质部，并从排粪孔排出粪屑。老熟幼虫在虫道内用细木屑堵塞两端化蛹。

防治方法

（1）调运原木用溴甲烷、硫酰氟或 56%磷化铝片剂熏蒸处理，用药量为 25g/m³ 和 13g/m³，熏蒸 24h 和 72h。

（2）4~10 月为幼虫活动期，于排粪孔处用棉球蘸取 40%氧化乐果乳油或 50%敌敌畏 5 倍液，塞入蛀孔或用药液注入虫孔，毒杀蛀道内幼虫。

（3）7 月中旬和 8 月上旬，在树干基部刮去表皮成（宽 10~30cm）环状带，用 40%氧化乐果 1 倍液涂带，毒杀初孵幼虫。

（4）城市绿化可利用法桐、楸树、垂柳或雪松、侧柏等针叶树进行带状、块状混交或单株间隔。

十一、松墨天牛

松墨天牛属鞘翅目天牛科。分布于河北、河南、陕西、山东、江苏、浙江、江西、湖南、西藏、重庆、四川、贵州、云南、福建、广西、广东、台湾等地。寄主植物为马尾松、黑松、雪松、落叶松、油松、华山松、柏、杉。

图 8　松墨天牛幼虫

形态特征　成虫体长 15~28mm，橙黄色至赤褐色；触角栗色；前胸宽大于长，多皱纹，侧刺突较大；前胸背板有 2 条相当阔的橙黄色纵纹，与 3 条黑色绒纹相间。卵长约 4mm，乳白色，呈镰刀形。幼虫体长 43mm，乳白色，扁圆柱形；头部黑褐色，前胸背板褐色，中央有波状横纹。蛹体长 20~26mm，乳白色，圆柱形。

危害症状 成虫啃食嫩枝皮，造成寄主衰弱；幼虫大量钻蛀树势衰弱或新伐倒的树干，引起成片松树枯死。此外，还是松材线虫病的主要传播媒介，一旦传入，将会造成松林大面积死亡。

发生规律 河南 1 年发生 1 代，广东 1 年发生 2 代，均以老熟幼虫在木质部坑道中越冬。翌年 3 月下旬，越冬幼虫开始在虫道末端蛹室中化蛹，4 月中旬成虫开始羽化，成虫补充营养后交尾，将产卵管从刻槽伸入树皮下产卵。幼虫在内皮和边材形成不规则的平坑，在木质部内蛀食，然后弯向外蛀食到边材，在坑道末端筑蛹室化蛹。

防治方法

（1）严格执行检疫，防止苗木、原木等传播。

（2）成虫羽化盛期，喷洒 50%杀螟松乳油、50%马拉硫磷乳油、80%敌敌畏乳油 1 000 倍液。

（3）在幼虫低龄阶段，未进入木质部前，喷洒 85%乙酰甲胺磷乳油或 50%杀螟松乳油 1 000 倍液，或在产卵孔周围喷洒16%虫线清乳油 300 倍液，毒杀幼虫。

（4）注意保护与利用天敌，还可以施用天牛引诱剂诱杀成虫。

十二、家茸天牛

家茸天牛属鞘翅目天牛科。原分布于内蒙古、新疆及东北、华北等省区，现迅速向南扩展，目前除云南、广东和广西尚无报道外，其他地区都有发现。朝鲜和日本也有分布。在河南省主要分布在安阳、开封、郑州、许昌、南阳等地。寄主植物为刺槐、杨、柳、榆等。

形态特征　成虫体长 13～18mm。全体褐色，全身密被黄色绒毛。雌虫触角短于体长，雄虫触角长与体长。前胸近球形，额中央有一浅纵沟，雌虫无。小盾片半圆形，灰黄色。卵长椭圆形，一端钝，另一端尖，灰黄色。幼虫体长20mm，头部黑褐色，体黄白色，前胸背板前方骨化部分褐色，近前缘有一黄褐色横带，分为四段，后方非骨化部分呈白色，近"山"字

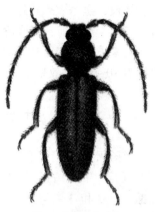

图 9　家茸天牛成虫

形。胸足 3 对退化，呈针状。蛹浅黄褐色，触角自中足下部迂回，体长 15～19mm。

危害症状　以幼虫蛀食衰弱木、枯萎木及伐倒木等。

发生规律　河南省每年发生 1 代，以幼虫在被害枝干内过冬。翌年 3 月恢复活动，在皮层下木质部钻蛀扁宽的虫道，并将碎屑排出孔外。幼虫在 4 月下旬至 5 月上旬开始化蛹，5 月下旬至 6 月上旬成虫羽化，有趋光性，喜产卵于直径 3cm 以上的橡材边缝内，以冬、春季节采伐的枝干上最易着卵。未经剥皮或采伐后未充分干燥的木材亦可产卵。卵散产，卵期 10d 左右。幼虫孵化后，钻入韧皮部与木质部之间，蛀成不规则的虫道，危害至11 月。目前是刺槐产区的一种严重病害。

防治方法

（1）对于冬、春季新采伐的木材，一定要进行剥皮或浸泡处理，有时也可埋入粪肥中沤 2 个月，可避免成虫产卵。

（2）对已盖好的房子，如橡材上发现幼虫危害，可喷 5% 敌敌畏煤油乳剂（40% 敌敌畏 1 份，煤油 7 份），喷后关闭门窗，

经一昼夜，熏杀效果较好。

（3）4月以前，彻底清除采伐后的碎枝断梢，对未处理的可集中起来喷洒30%杀岭辛乳油1 500~3 000倍液，喷后用塑料薄膜封盖10~15d，效果较好。

十三、青杨天牛

青杨天牛属鞘翅目天牛科。分布于辽宁、内蒙古、河北、山西、陕西、宁夏和江浙等地。寄主植物因幼虫食性较单一，仅蛀食危害加拿大杨、小青杨、小叶杨、山杨、银白杨、蒿柳和垂柳等。

图10　青杨天牛危害状

形态特征　成虫体长为12mm左右，体黑色，密布金黄色和黑色茸毛；前胸略呈梯形，其上有3条黄色线带，侧刺突较钝；鞘翅面上共有黄色绒毛圆斑8~10个。卵圆筒状，初呈乳白色，中间略弯曲，两端稍尖。老熟幼虫体长为20mm左右，浅黄至深黄色。头小，褐色。前胸背板硬化，其上有褐色小点形成的"凸"字形斑。蛹浅褐色。

危害症状　以杨树的2年生侧枝受害严重。初孵幼虫取食边材及韧皮部，稍长大些围绕枝干环食，并蛀食木质部，被害处逐渐形成纺锤形虫瘿，其蛀食的排泄物堆积在蛀道内，堆积多时从刻槽裂缝处挤出。由于该虫危害，其受害枝梢上部生长受抑制，易造成风折、枝干畸形，严重影响树木正常生长。

发生规律　东北、华北、西北等地区1~2年发生1代，以老熟幼虫在枝干内越冬。河南地区翌年3月出现成虫，4月绝迹。幼虫于4月孵化，危害至10月。

防治方法

（1）加强检疫。绿化美化时，严格把好苗圃出圃关，禁止种植带虫苗木。

（2）人工防治。结合养护管理，剪除有虫枝，集中烧毁虫瘿，以减少虫源扩散危害。

（3）保护天敌。如狭面姬小蜂、分距姬蜂、青杨天牛赤腹姬蜂、两色齿足茧蜂、金小蜂、肿腿蜂、天牛双革螨和啄木鸟等。目前采用商品化的肿腿蜂，已取得很好的防治效果，或利用绿僵菌防治青杨天牛，防治效果在95%左右。

（4）药剂防治。成虫发生严重时，可喷施25%西维因可湿性粉剂600倍液，或5%高效氟氯氰菊酯乳油4 000倍液防治。可用根际打孔注射内吸性药剂防治幼虫。

十四、顶斑筒天牛

顶斑筒天牛属鞘翅目天牛科。国内分布较广。寄主植物为梅、桃、樱桃、杏、海棠、苹果、红叶李、楞木和臭椿等。

形态特征 成虫体长17mm左右，圆柱形，橙黄色。鞘翅和足均为黑色，体背部生黄色绒毛。卵长椭圆形，乳白色。幼虫体长30mm左右，头部褐色，有倒"八"字形沟纹。蛹浅黄色，顶端有突起。

危害症状 幼虫先从嫩梢向上蛀食，然后调头沿髓部向下危害，每蛀食一段，就咬个圆形排粪孔，粪便呈细短棒状。造成枝干中空，上部叶片枯黄，易与其他天牛危害状区别。

发生规律 1年发生1代，以老熟幼虫在枝条内越冬。翌年4月化蛹，5月下旬至6月上旬为羽化盛期，成虫羽化不久即可交尾，卵期约10d。6月中旬幼虫孵化和危害，一直蛀食到10月，以老熟幼虫越冬。

防治方法

（1）捕杀成虫。5~6月成虫羽化期时，进行人工捕捉成虫。

（2）消灭虫源。结合花木养护管理，发现被害枝条及时剪除，并销毁。

（3）增强树势。合理施肥，适度修剪，增强生长势，减轻被害。

（4）药剂防治。7~9月可在被害枝干上进行药剂注射，其方法先将下方排粪孔用泥堵好，从上方排粪孔注射灭蛀磷200倍液等渗透性好的药剂。在晴天干燥天气条件下使用此方法，其更能充分发挥防治效果。40%氧化乐果乳油对蔷薇科花木极易产生药害，应慎重使用。

十五、云斑天牛

云斑天牛属鞘翅目天牛科。黄河以南地区均有分布。寄主植物为枇杷、无花果、乌桕、柑橘、紫薇、羊蹄甲、泡桐、苦楝、青杠、红椿、梨、白蜡、榆、核桃和板栗等。

形态特征 成虫体长32~65mm，黑褐色，密被灰色绒毛。前胸背板中央有一对近肾形橘黄色斑，两侧中央各有一粗大尖刺突。鞘翅上有10多个斑纹，排成2~3纵行，翅中部有许多小圆斑，或斑点扩大，呈云片状。卵长6~10cm，长椭圆形，淡黄色。幼虫体长70~80cm，乳白色至淡黄色，头部深褐色，前胸硬皮板有一"凸"字形褐斑。蛹乳白色至淡黄色。

危害症状 成虫危害新枝皮和嫩叶，幼虫蛀食韧皮部，后钻入木质部，在树干内做纵横道危害，致使树势衰弱，甚至死亡。成虫啃食嫩枝，使枝枯死。

发生规律 2~3年发生1代，以成虫或幼虫在寄主树干内越冬。越冬成虫于5~6月咬一圆形羽化孔钻出树干，白天多栖息在树干或大枝上，晚间活动取食，30~40d后交尾产卵。产卵多选择5年生以上植株、离地面30~100cm的树干基部，卵期10~15d。幼虫孵化后，先在韧皮部或边材部蛀成"△"状蛀道，由此排出木屑和粪便，被害部分树皮

图11 云斑天牛成虫

外张，不久纵裂，流出褐色树液。8月老熟幼虫在蛀道末端开始化蛹，9月羽化为成虫后在蛹室内越冬。

防治方法

（1）成虫发生盛期，在早晨进行人工捕捉。

（2）成虫产卵期，人工灭卵。卵孵化盛期，在产卵刻槽处涂抹50%的杀螟松乳油，以杀死初孵幼虫。

（3）幼虫蛀干危害期，向虫孔注入50%的敌敌畏10倍液，后用泥封口，或用磷化铝塞孔熏杀。

（4）冬季或产卵前，进行树干涂白以防成虫产卵，也可杀灭幼虫。

十六、家天牛

家天牛属鞘翅目天牛科。分布于美国东部、中东、欧洲、南美洲及非洲的重要害虫。吉林、浙江和江苏曾截获过该天牛。寄主有松属、云杉属、冷杉属、黄杉属、栎属、杨属等木本植物。

形态特征 成虫体褐色，密布黄褐色短毛，翅鞘上散布小突起。雄虫头部及前胸较大，触角较长；雌虫腹端稍有外露，并常将产卵器外伸。卵尖椭圆形，壳薄，表面粗糙，乳白色。幼虫头黑褐色，体黄白色，前胸背板前方骨化部分褐色，近前缘有一黄褐色横带，分为四段，后方非骨化部分呈白色，近"山"字形。胸足3对退化成针状。蛹体黄白色，形似成虫，但稍大。

危害症状 幼虫孵化后，钻入韧皮部与木质部之间，蛀成不规则的虫道，危害至11月。

发生规律 河南省1年发生1代，以幼虫在枝干内过冬。翌年3月恢复活动，在皮层下木质部钻蛀扁宽的虫道，并将碎屑排出孔外。幼虫危害至4月下旬和5月上旬开始化蛹，5月下旬至6月上旬成虫羽化，有趋光性，喜产卵于直径3cm以上的椽材边缝内，以冬春季节采伐的枝干上最易着卵。未经剥皮或采伐后未充分干燥的木材亦可产卵。卵散产，卵期10d左右。用新采伐的刺槐做椽木，最易遭受危害，如不防治，不到几年，即被蛀食一空，房倒屋塌，目前是刺槐产区的一种严重病害。

防治方法

（1）对于冬春季新采伐的木材，要及时进行剥皮或浸泡处理，必要时也可埋入粪肥中沤2个月，可避免成虫产卵。

（2）对已盖好的房子，如椽材上发现幼虫危害，可喷5%敌敌畏煤油乳剂（40%敌敌畏1份，煤油7份），喷后关闭门窗，经一昼夜，熏杀效果较好。

（3）4月以前，彻底清除采伐后的碎枝断梢，对未处理的可集中起来喷洒30%杀岭辛乳油1 500~3 000倍液，喷后用塑料薄膜封盖10~15d，效果较好。

十七、双条杉天牛

双条杉天牛属鞘翅目天牛科。我国华北、西北、东北、华中、华南、华东等地均有发生。主要危害侧柏、桧柏、刺柏、沙地柏、龙柏等杉、柏类苗木，尤其喜欢危害生长势较弱的树木。

形态特征　成虫体长 9～15mm，体形阔扁，黑色，全身密被褐黄色短绒毛；前胸两侧弧形，背板上有 5 个光滑的小瘤突，排列成梅花形；鞘翅上有 2 条棕黄色或驼色横带。卵椭圆形，白色。幼虫体长 19mm 左右，圆筒形，略扁，乳白色；前胸背板有1 个"小"字形凹陷及 4 块黄褐色斑纹。蛹长 15mm 左右，淡黄色，裸蛹。

危害症状　以幼虫蛀食林木，导致树势衰弱，针叶逐渐枯黄，常造成风折，甚至整株枯死。

发生规律　1 年发生 1 代，以成虫在树干木质部的蛹室内越冬；少数 2 年发生 1 代，以幼虫在木质部边材的虫道内越冬。翌年 3～4 月

图 12　双条杉天牛成虫

越冬成虫咬一羽化孔外出，产卵于树干 2m 以下树皮缝内，5 月危害韧皮部和边材部分，7～9 月幼虫蛀入木质部，8～10 月幼虫在蛹室内化蛹，9～11 月羽化为成虫越冬。

防治方法

（1）深挖松土，挖壕压青，追施土杂肥，伐除虫害木、衰弱木等，增强对虫害的抵抗力。

（2）及时进行人工捕捉和刮皮，搜杀幼虫。休眠期进行树干涂白。

（3）分期防治。①成虫期：在虫口密度高、郁闭度大的林区，可用敌敌畏烟剂熏杀。②初孵幼虫期：可用20%三氯苯醚菊酯乳剂或20%水胺硫磷乳剂或25%杀虫脒水剂100倍液；或8%敌敌畏1倍液、一线油（柴油或煤油）9倍液混合，喷湿3m以下树干或重点喷流脂处，效果很好。

（4）双条杉天牛幼虫期和蛹期，有柄腹茧蜂、肿腿蜂、红头茧蜂、白腹茧蜂等多种天敌，应对天敌加以保护和利用。

十八、薄翅锯天牛

薄翅锯天牛属鞘翅目天牛科。我国各地均有分布。寄主植物为杨、柳、榆、白蜡、桑、杉、悬铃木、松、栎、栗、法桐、垂丝海棠、油桐、泡桐、梧桐、苦楝、苹果、山楂、枣、柿、核桃等。

形态特征 成虫长略扁，红褐色至暗褐色；头密布颗粒状小点和灰黄细短毛，触角丝状11节，基部5节粗糙，下面具刺状粒。卵长椭圆形，乳白色。幼虫体长70mm左右，体粗壮，乳白色至淡黄白色；头黄褐色，大部缩入前胸内，上颚与口器周围黑色。蛹初乳白渐变黄褐色。

危害症状 幼虫于枝干皮层和木质部内蛀食，隧道走向不规律，内充满粪屑，削弱树势，重者折断死亡或整树枯死。

发生规律 2~3年发生1代，以幼虫于隧道内越冬。寄主萌动时开始危害，落叶时休眠越冬。6~8月成虫出现。

防治方法

（1）成虫活动盛期，巡视捕捉成虫多次；幼虫孵化前，锤击产卵的刻槽，杀灭卵；幼虫孵化后用铁丝钩杀幼虫。

（2）保护蚂蚁、蠼螋、花绒坚甲、管氏肿腿蜂，在幼虫孵化高峰期释放花绒坚甲或管氏肿腿蜂寄生幼虫。

（3）在产卵高峰期喷施20亿/g棉铃虫核多角体病毒悬浮剂1 000倍液、孢子10^{10}个/g杀螟杆菌粉400~600倍液、32 000IU/mg苏云金杆菌可湿性粉剂1 000~1 500倍液。

（4）预防措施：①树干基部地面上发现有成堆虫粪时，将蛀道内虫粪掏出，用布条或废纸等沾80%敌敌畏乳油或40%氧化乐果乳油5~10倍液，往蛀洞内塞紧；或用兽医用注射器将药液注入。②在成虫活动盛期，用80%敌敌畏乳油或40%氧化乐果乳油等，掺适量水和黄泥，搅成稀糊状，涂刷在树干基部或距地30~60cm及以下的树干上，可毒杀在树干上爬行及咬破树皮产卵的成虫和初孵幼虫，还可在成虫产卵盛期用白涂剂涂刷树干基部，防止成虫产卵。③在天牛产卵前，按石灰∶硫黄∶水＝16∶2∶40的比例，再加入少量皮胶混合后，涂抹于树木的主干上，可防止该天牛产卵。④用布条或废纸蘸80%敌敌畏乳油或40%氧化乐果乳油5~10倍液，涂抹产卵刻槽。⑤用磷化锌毒签插入蛀孔毒杀幼虫；或用56%磷化铝片剂（每片约3g），分成10~15小粒（每份0.2~0.3g），每一蛀洞或产卵刻槽内塞入1小粒，或塞入克牛灵胶丸1粒，再用泥土封住洞口。

十九、多带天牛

多带天牛属鞘翅目天牛科。主要分布于黑龙江、吉林、辽宁、内蒙古、河北、北京、河南、山西、江苏、山东、浙江、江西、福建、广东等地，俄罗斯、朝鲜也有分布。寄主植物为杨、柳、刺槐、侧柏、麻栎、玫瑰、菊、竹等。

形态特征 成虫体长11~19mm，体色和斑纹变化较大，头胸部深绿色、蓝绿色、深蓝色或蓝黑色，光泽鲜艳；前胸有不规则的皱缩纹；鞘翅蓝黑色、蓝紫色或蓝绿色，中央有 2 条黄色横带，每横带上有 4 条相互平行的淡黄色纵线，翅面被白色短毛及刻点。卵扁椭圆形，黄白色到灰白色。幼虫末龄体长 17~30mm，圆筒形，橘黄色，头部黄褐色；前胸背板中央具纵脊 1 条，后缘中部向前陷入。蛹体长 12~20mm，淡黄色至深黄色，裸蛹。

危害症状 以幼虫蛀食枝干、根颈及根部。

发生规律 2 年发生 1 代，以幼虫经过 2 次越冬；少数 1 年发生 1 代或 3 年发生 1 代。6~7 月化蛹。蛹期 10 余天。6 月中旬开始出现成虫，趋向蜜源植物补充营养，在玫瑰产区多产卵于 1~2 年生玫瑰茎干基部。9 月中旬为卵孵化盛期。初孵幼虫先将韧皮部咬一小坑，然后再钻回卵壳。10 月上旬以末龄幼虫陆续越冬。翌年 3 月中旬开始向枝条顶端蛀食危害，常将枝条蛀空。5 月下旬至 6 月上旬幼虫开始向下蛀至根颈处，并继续蛀食根部，7 月后幼虫复向上扩大虫道，然后在根颈处用碎木屑封闭蛀道上端，并做一蛹室，在其内越冬。

防治方法

（1）成虫羽化盛期向枝干部喷洒绿色威雷、溴氰菊酯、敌敌畏等内吸触杀药剂。

（2）幼虫危害期树干打孔注药、塞磷化锌毒签和堵药棉球等熏杀幼虫，使用药剂 2.5%溴氰菊酯 400 倍液，或 50%杀螟松 200 倍液。

（3）使用 1.6 亿孢子/mL 白僵菌或绿僵菌液喷注浸入孔，或用 1.2%苦参碱·烟碱乳油 200 倍液顺虫孔注射，杀死枝干及根颈部位内的幼虫或蛹。

（4）树干涂白，对死的卵有一定的防治作用。

（5）保护和利用天敌，如啄木鸟、花绒坚甲。

二十、脊胸天牛

脊胸天牛属鞘翅目天牛科。主要分布在华南地区。寄主植物为芒果。

形态特征　成虫栗色至栗黑色。体狭长，两侧平行。额具刻点，触角及复眼之间有纵向脊纹，复眼后方中央有 1 条短纵沟，头顶后方有许多小颗粒；触角之间，复眼周围及头顶密生金黄色绒毛。卵乳白色，椭圆形。幼虫体长 58~77mm，乳黄色，被稀疏的褐色毛。头部背面前端漆黑色。前胸背板前部具较浅的小刻点，后方呈乳白色盾状隆起，上具纵沟，两侧的纵沟较细而平行；具后背板褶；前胸腹板主腹片后缘具 5~7 个乳状突起。裸蛹，体长黄白色，较扁平。腹侧面及背面具刺状突。触角纤细，呈弧状，贴于体侧，和翅芽平行，不达翅端。

危害症状　幼虫钻蛀枝条和树干，造成枝干枯死或折断。受害植株的树冠长势衰弱，重者仅剩几条主干枝，后期整个果园被毁。

发生规律　华南 1 年发生 1 代，跨年完成，部分 2 年发生 1 代，以幼虫越冬。成虫发生时间因地而异。在海南，成虫出现于 3~7 月，4~6 月是其羽化高峰期；在云南，6~8 月为成虫羽化盛期。

防治方法

（1）7 月逐株检查芒果树，发现虫枝即从最后（最下方）一个排粪孔下方 15cm 处剪锯除，以后每 1~2 个月复查 1 次，直至 12 月。

（2）对已进入大枝干的天牛幼虫，可采用注射针筒将 80% 敌敌畏或 38% 氯马乳油原液注入最后一个排粪孔，可杀死隧道内 100% 的天牛幼虫。若用棉花蘸药液堵塞虫洞，则应用湿泥封住大多数排粪孔以保药效。对于新植幼树，也可在 5~6 月于树头周围撒施混合均匀的呋喃丹泥粉（3%呋喃丹：泥粉 = 1:10），上覆一层泥，淋透水，对防止天牛危害效果好。

二十一、青杨脊虎天牛

青杨脊虎天牛属鞘翅目天牛科。分布于辽宁、吉林、黑龙江。寄主植物为杨属、柳属、桦木属、栎属、水青冈属（山毛榉属）、椴属、榆属等。

形态特征　成虫体长 11 ~ 22mm，黑色，头部与前胸颜色较暗，头顶中间有倒 "V" 字形隆起线，前胸呈球状面隆起，中部有 4 条淡黄色纵条；鞘翅上有模糊的淡黄色细波纹，鞘翅内外缘末端圆形；腹部密被淡黄色绒毛；触角 11 节，基部 5 节端部无绒毛；腿节较粗，胫节有 2 个距。卵乳白色，长形，长 2mm。幼虫体长 30~40mm，

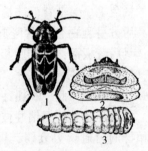

图 13　青杨脊虎天牛
1. 成虫　2. 幼虫头背部　3. 幼虫

黄白色，体生短毛，头淡黄褐色，缩入前胸内，前胸背板上有黄褐色斑纹，腹部从第 1 节开始逐渐变窄并伸长，最末节短小。蛹长 18~32mm，黄白色。

危害症状　危害杨树的嫩枝和幼干，先在韧皮部与木质部之间蛀食，以后蛀入木质部。被害林木轻则影响生长，降低成林、成材比率；重则干折头断，林木被毁。

发生规律　1 年发生 1 代，以老熟幼虫在枝干坑道内越冬。翌年 4 月上旬开始活动并继续危害，4 月下旬在边材坑道蛹室内化蛹，5 月下旬开始羽化，6 月初为羽化盛期，7 月下旬开始向

木质部钻入，坑道不规则弯曲，互不相通，10 月下旬开始在坑道内越冬。

防治方法

（1）严格检疫。

（2）成虫期利用绿色威雷人工捕杀，卵期人工砸卵，幼虫初孵期使用黏虫胶＋2.5％敌杀死 20 倍液，在树干胸高处涂宽 5~10cm 的黏虫环，每环用黏虫胶约 10g 进行黏杀；或用 25％敌杀死乳油 100 倍液，干基打孔注射（5mL／株）。

（3）采取混交造林，实施生物防治。采取清理虫害木、招引益鸟、释放肿腿蜂、喷洒白僵菌等。

二十二、灭字脊虎天牛

灭字脊虎天牛属鞘翅目天牛科。广东、海南、广西、四川、云南、台湾等省区有分布。寄主植物为咖啡、芒果、蓖麻、菠萝蜜、番石榴、蜜花水棉、厚皮树、黄坭木、柚木等。

形态特征 成虫体长 10~17mm，黑色，密被黄色或灰绿色短毛，触角黑色，前背板有 3 个小圆形黑纹，鞘翅上具"灭"字形黄绿色纹，其后方有一近三角形的黄绿色纹。末龄幼虫长 18~20mm，前胸背板后方具一"山"字形光滑区。

图 14 灭字脊虎天牛成虫

危害症状 幼虫危害枝干，将木质部蛀成纵横交错的隧道，并向茎干中央钻蛀，危害髓部，然后向下钻蛀危害至根部。严重影响水分的输送，致使树势生长衰弱，枝叶枯黄，表现缺肥缺水状态。盛产期被害时，果实无法生长，被害植物易被风吹断。植株被害后期，被害处的组织因受刺激而形成环状肿块，表皮木栓层断裂，水分无法往上输送，上部枝叶表现黄萎，下部侧芽丛生。当幼虫蛀食至根部时，导致植株死亡。严重受害时可致全咖啡园被毁。

发生规律　以成虫或幼虫越冬。2~4 月化蛹，成虫盛期在7~8 月。成虫将卵散产于树干 1~2m 处的裂缝中。初孵幼虫环食表皮层、韧皮部，3 龄后蛀入木质部。末龄幼虫在隧道内筑蛹室化蛹。

防治方法

（1）早春或秋冬季及时砍伐枯立木、风倒木、濒死木并灭疫处理。成虫羽化期，人工捕杀或设饵木诱杀、YW-3 型环保防护型昆虫趋性诱杀器或黑光灯诱杀。

（2）发现新木屑，用铁丝刺杀蛀道内的幼虫。

（3）注意保护花绒坚甲、黑绒坚甲、啄木鸟、周氏啮小蜂（寄生未孵化的卵）、管氏肿腿蜂、茧蜂及自然生态中的白僵菌等天敌。

（4）局部严重危害，成虫发生期释放商品周氏啮小蜂、管氏肿腿蜂或喷洒白僵菌可湿性粉剂；可用 0.65% 茼蒿素 400~700 倍液，或 0.3% 印楝素乳油 1 000~2 000 倍液，或 1.1% 烟百素乳油 1 000~1 500 倍液，或 27% 皂素烟碱溶剂 400 倍液，或 0.26% 苦参碱水剂 500~1 000 倍液，或 5% 速杀威乳油 400~700 倍液等喷洒寄主植物杀卵和初孵幼虫。幼虫蛀干危害期，也可用 1 亿条活线虫泡沫塑料包装袋对水 30L 配制的芜菁夜蛾线虫悬浮液，注满整个虫道，效果良好。

二十三、竹虎天牛

竹虎天牛属鞘翅目天牛科。我国分布于福建、广东、广西、江西、湖南、台湾等地。寄主植物为竹等。

形态特征 成虫黄绿色，体长 13~15mm，前胸背面有 1 个倒叉状纹，两侧各有 1 个图纹，鞘翅前半部两侧各有 1 个长椭圆形纹及横带。卵长椭圆形，黄绿色。幼虫白色，无足。

危害症状 钻蛀已采伐的竹竿及充分干燥的竹材，竹材内部被蛀成蛀道，易折断。

发生规律 1 年发生 3 代，以幼虫在竹材内越冬。翌年 5 月化蛹，成虫 7~8 月出现。

防治方法

（1）加强栽培管理。科学肥水，及时中耕松土，合理砍伐，砍下竹株全部运出竹林，保持竹林适当密度，提高植株抗性。

（2）竹林受害竹用 5%"二二三"柴油溶剂喷射或涂抹，严重者及时砍伐，及时运出林外，将被害竹材浸入水中 10d 以上，淹死其幼虫。

二十四、桑虎天牛

桑虎天牛属鞘翅目天牛科。我国各主要蚕区均有分布。寄主植物为桑树。

形态特征 成虫体长 16~28mm，形似胡蜂。触角短，仅达鞘翅基部。前胸背板近球形，有黄、赤褐、黑色横条斑。鞘翅基部宽阔，翅上生黄色和黑色相间的斜带。卵长 5mm，长椭圆形，乳白色。幼虫体长 80mm，浅黄色，圆柱形。头小，藏在第 1 胸节内。第 1 胸节膨大，背面前缘及两侧各生 1 个褐色块状斑纹。

腹部各节背面、腹面具黄褐色步泡突。蛹为裸蛹，长 30mm，纺锤形，浅黄色。

危害症状 幼虫蛀食桑树枝干。被害桑树轻则枝细叶薄，产量不高，重则全株枯死。

发生规律 3 年发生 2 代，以幼虫越冬。翌年 4 月初开始活动，5 月上旬至 6 月下旬幼虫老熟化蛹，6 月上旬开始羽化、交配产卵，6 月下旬至 7 月上旬进入羽化高峰期。成虫出孔后很快交尾产卵，孵化后的幼虫蛀食至 11 月上旬即越冬。翌年春季继续危害至 7 月下旬到 8 月间，成虫羽化出孔，完成 1 代。

防治方法

（1）6 月上旬至 8 月上旬捕捉成虫或在幼虫蛀入初期人工刺杀桑皮内的幼虫。

（2）用毒签插入最下蛀孔或用 80%敌敌畏乳油 10 倍液浸渍的棉球堵塞蛀入孔。也可用 50%杀螟松乳油 100 倍液于夏伐后喷洒树皮。

二十五、高山天牛

高山天牛属鞘翅目天牛科。在我国广泛分布。国外分布于朝鲜、韩国、日本和俄罗斯东部等。寄主植物为柞树。

形态特征 成虫长琵琶状，雌虫体长 41~50mm，雄虫体长 37~45mm。虫体灰黑色或棕灰色，密被黄色短绒毛。触角浅黑色，竹节状，雌虫触角长度与虫体相仿，雄虫触角约为体长的 1.75 倍。卵长约 4mm，长椭圆形，淡黄色。幼虫长 60~70mm，乳白色，疏生细毛，头部较小，往前胸缩入，淡黄褐色。胴部 13 节，背板淡褐色，前半部有 2 个凹形纹横列。蛹为裸蛹，长 45~50mm，长椭圆形，淡黄色。

危害症状 高山天牛喜欢在树株稀疏、光线较强的柞林中活动，在树干及其基部蛀食成孔道，破坏柞树组织，阻断营养和水分输送，使树势衰颓，叶形变小，使柞树枝干易被风吹折断，并易受雨水灌注、菌类滋生而腐烂，致使全株枯死。

发生规律 3 年发生 1 代，以幼虫在木质部蛀道内越冬。6 月间羽化，成虫羽化后在蛹室内静伏 7d 左右钻出，有趋光性。傍晚交尾。每只雌虫可产卵 20 粒左右。老熟幼虫钻至柞树基部筑室化蛹。

防治方法

（1）在树丛内寻找新鲜粪便、木屑处的蛀孔用铁丝钩杀幼虫。

（2）用注射器从蛀口注入二硫化碳或二氯苯液，并用泥封口蒸杀。

（3）刮去蛀孔口粪便木屑后，将磷化铝颗粒（约 0.075g）塞入孔内，越深越好，再用泥封闭蛀孔口药杀。

二十六、杨红颈天牛

杨红颈天牛属鞘翅目天牛科。分布于东北、西北、华北地区和河南、江西。寄主植物主要有杨、柳。

形态特征 成虫体长 18~20mm，墨绿色，有光泽；头蓝黑色，腹面有许多皱纹，两侧各有明显瘤突；前胸橙红色具粗糙刻点中部有浅沟 1 条，侧刺突蓝色而明显；鞘翅基部宽于胸，末端弧形密布刻点和皱纹，每翅有纵隆线 2 条，前缘边整齐着生棕黄色细毛。卵长卵圆形，初白色后绿色。老龄幼虫体长 26~33mm，头部黄白色，前胸背面骨板长方形两侧各有纵沟 1 条，中央有纵纹 1 条。蛹体乳白色至淡黄色。

危害症状 以幼虫蛀食树干，先在韧皮部阻碍养分的正常运输，后钻入树干，造成枝梢干枯和风折，影响树木的生长，严重受害的树木可整枝整株死亡。

发生规律 内蒙古 3 年发生 1 代，以幼虫越冬。6 月出现成虫和产卵，7 月幼虫孵化，幼虫在树干内一直危害到第 4 年的 5 月化蛹。卵产于树皮裂缝深处，每雌产卵 20~60 粒，蛀道 "L" 形。

防治方法

（1）幼虫尚在根颈部皮层下蛀食时，及时进行钩杀。

（2）在产卵高峰期，喷施 20 亿/g 棉铃虫核多角体病毒悬浮剂 1 000 倍液、孢子 10^{10} 个/g 杀螟杆菌粉剂 400~600 倍液，或孢子 10^{10} 个/g 青虫菌粉剂 500~1 000 倍液，也可用注射器把以上药液注射进天牛蛀孔。

（3）树干基部地面上发现有成堆虫粪时，将蛀道内虫粪掏出，用布条或废纸等蘸 80% 敌敌畏乳油或 40% 氧化乐果乳油 5~10 倍液，塞入洞熏杀幼虫。

（4）在成虫活动盛期，用 80% 敌敌畏乳油或 40% 乐果乳油等，掺和适量水和黄泥，搅成稀糊状，涂刷在树干基部或距地 30~60cm 及以下的树干上，可毒杀在树干上爬行及咬破树皮产卵的成虫和初孵幼虫，还可在成虫产卵盛期用白涂剂涂刷树干基部，防止成虫产卵。

二十七、桃红颈天牛

桃红颈天牛属鞘翅目天牛科。国内大部省份有分布。寄主植物为桃、樱桃、榆叶梅、红叶李、梅、垂丝海棠、木瓜海棠、西府海棠、贴梗海棠、菊花等。

形态特征 成虫体长 24~37mm，漆黑色，有光泽；头部腹面有许多横皱，头顶部两眼间有浅凹；触角蓝紫色，基部两侧各有一叶状突起。卵长椭圆形，乳白色，长约 15mm。老熟幼虫体长 42~52mm，乳白色，略带黄色，前胸较宽广，体前半部各节略呈扁长方形，后半部呈圆柱形，体两侧密生黄棕色细毛。蛹淡黄白色，长 32～46mm，前胸两侧和前缘中央各有一突起，背板上有两排孔。

危害症状　以幼虫蛀食主干和主枝，初龄幼虫先在皮层下串蛀，然后蛀入木质部，深达干心，受害枝干被蛀空阻碍树液流通，引起流胶，使枝干未老先衰，严重时可使全株枯萎。蛀孔外堆满红褐色木屑状虫粪。

发生规律　2～3 年发生 1 代，以不同虫龄的幼虫在枝干蛀道内越冬。6～9 月成虫羽化，以 7～8 月为盛发期。

图15　桃红颈天牛

防治方法

（1）人工防治。幼虫孵化期，人工刮除老树皮，集中烧毁。成虫羽化期，利用成虫中午至下午 2～3 时静栖在枝条上，特别是下到树干基部的习性，进行捕捉。由于成虫羽化期比较集中，一般在 10d 左右。在此期间坚持人工捕捉，效果显著。成虫产卵期，经常检查树干，发现有方形产卵伤痕，及时刮除或以木槌击死卵粒。

（2）药剂防治。对有新鲜虫粪排出的蛀孔，可用小棉球蘸敌敌畏煤油合剂（煤油 1 000g 加入 80％敌敌畏乳油 50g）塞入虫孔内，然后再用泥土封闭虫孔，或注射 80％敌敌畏原液少许，洞口敷以泥土，可熏杀幼虫。

（3）生物防治。保护和利用天敌昆虫，如管氏肿腿蜂等。

二十八、光盾绿天牛

光盾绿天牛属鞘翅目天牛科。国内广泛分布于广东、广西、福建、江西、四川、江苏、浙江、台湾等省区，印度及东南亚多国均有分布。寄主为多种芸香科植物。

形态特征 成虫中型，体长 24~27mm，墨绿色，具光泽，腹面绿色，被银灰色绒毛。触角和足深蓝或墨紫色，跗节黑褐色。触角第 5~10 节外端有尖刺。前胸背板侧刺突短钝，胸面具细密皱纹和刻点，两侧刻点粗大，皱纹较稀。小盾片光滑，几无刻点。鞘翅密布细刻点。卵长扁圆形，黄绿色。老熟幼虫体长 46~55mm，圆柱形，淡黄色。前胸背板前区红褐色，多粗糙刻点；中区色较深；后区两侧沟深陷。中央骨化板平而隆起，淡紫色。蛹为裸蛹，黄色。

危害症状 幼虫蛀入枝条，先向梢端蛀食，被害梢随即枯死，然后再由小枝蛀入大枝，每隔 5~20cm 钻一排粪通气孔，状如箫孔，故又有"吹箫虫"之称。受害枝干千疮百孔，易枯死或风折，早期受害后出现叶黄、梢枯。

发生规律 广东、福建每年发生 1 代，跨年完成，以幼虫在寄主蛀道中越冬。成虫于 4 月中旬至 5 月初开始出现，盛发于 5~6 月。翌年 1 月，幼虫进入越冬休眠期。越冬幼虫在 4 月于蛀道内化蛹。

防治方法

（1）剪除受害嫩梢，清除初期幼虫。在 6~7 月幼虫初期，逐园逐株检查受害嫩梢，于枝梢枯萎、叶片枯黄而未脱落前剪除。

（2）成虫盛发期在枝丫间捕杀成虫。雄虫有争偶现象，常有 3~5 个雄虫争 1 个雌虫而集结在一起，易于捕捉。

（3）把被害枝条的倒数第二个孔洞先用小枝堵塞，使幼虫不能倒退向上逃跑，然后从最后孔洞刺入钩杀。

（4）10 月以前可用棉花蘸氯化苯液，从枝上最下一个孔洞往里塞此药物，然后用稀泥严密封闭其上孔洞，下沉的氯化苯气体将毒杀下方的幼虫，效果好。药杀方法见星天牛。

二十九、帽斑紫天牛

帽斑紫天牛属鞘翅目天牛科。分布于我国黑龙江、吉林、辽宁、河北、甘肃、江苏、云南。寄主植物为栎、苹果、山楂、油松、酸枣、梨、山杏、花椒、榉、板栗等。

图16　帽斑紫天牛成虫

形态特征　成虫体长15~21mm，宽5.3~7mm。体黑色。触角雌虫较短，接近鞘翅末端，以第3节最长，雄虫则约为体长2倍，第2节最长。前胸背板朱红色，短阔，两侧缘中部具侧刺突，背面有5个小黑斑（前2后3），刻点间呈皱褶状，并被细长灰白色竖毛，黑斑处略为隆起。前胸腹板前部有朱红色横带。小盾片锐三角形，被黑色绒毛。鞘翅朱红色，具2对黑斑，近翅基1对小而圆，翅中1对较大，在中缝处连接成毡帽形，两侧缘平行，后缘圆形，翅面有粗糙刻点，帽斑上被黑色绒毛。腹面具细小刻点，被稀疏的灰白色柔毛。

危害症状　成虫少量取食芽、叶；幼虫于枝干皮层、木质部内蛀食，削弱树势。

发生规律 山西晋城1年发生1代，以幼虫于隧道内越冬。成虫5月中下旬发生，白天活动。

防治方法

（1）及时剪除衰弱枝、枯死枝条，集中烧毁，以减少虫源。

（2）捕杀成虫。

（3）加强果园管理，增强树势可减轻受害。

（4）用布条或废纸等蘸80%敌敌畏乳油或40%氧化乐果乳油5~10倍液，往蛀洞内塞紧；或用兽医用注射器将药液注入。也可用56%磷化铝片剂（每片约3g），分成10~15小粒（每份0.2~0.3g），每一蛀洞内塞入一小粒，再用泥土封住洞口。

三十、红缘天牛

红缘天牛属鞘翅目天牛科。分布于北京、辽宁、吉林、黑龙江、河北、山西、河南、浙江等地。寄主植物为榆叶梅、文冠果、梅花、茉莉、枸杞、葡萄、沙枣、锦鸡儿、苹果、梨、槐、榆和臭椿等。

图17　红缘天牛成虫

形态特征 成虫体长 11~19.5mm，黑色狭长，被细长灰白色毛；鞘翅基部各具 1 红色椭圆形斑，外缘有 1 条红色窄条，在肩部与基部椭圆形斑相连接；头短，刻点密且粗糙，被浓密深色毛，触角细长，丝状，11 节，超过体长。卵长 2~3mm，椭圆形，乳白色。幼虫体长 22mm 左右，乳白色，头小，大部缩在前胸内，外露部黑褐色。胴部 13 节，前胸背板前方骨化部分深褐色，上有"十"字形淡黄带，后方非骨化部分呈"山"字形。蛹长 15~20mm，乳白渐变黄褐色，羽化前黑褐色。

危害症状 幼虫蛀食危害，轻者植株生长势衰弱，部分枝干死亡，重者主干环剥皮，树冠死亡，造成风折干，尤其小幼木，受害后易全株死亡。

发生规律 1 年发生 1 代，以幼虫在寄主的蛀道内越冬。翌年春季越冬幼虫开始活动危害，因为没有通气排孔，所以从外观不易见到。每年 4~5 月化蛹和成虫羽化。成虫产卵于生长势弱的枝干和各种伤口处。初孵幼虫先蛀食皮层，在韧皮部和木质部之间取食危害，一直危害到 10 月，气温下降后，幼虫蛀入木质部或近枝干髓部越冬。

防治方法

（1）5~6 月成虫活动盛期，进行人工捕捉。

（2）在成虫活动盛期，用 80% 敌敌畏乳油或 40% 氧化乐果乳油等，掺和适量水和黄泥，搅成稀糊状，涂刷在树干基部或距地 30~60cm 的树干上，可毒杀在树干上爬行及咬破树皮产卵的成虫和初孵幼虫，还可在成虫产卵盛期用白涂剂涂刷树干基部，防止成虫产卵。

（3）树干基部地面上发现有成堆虫粪时，将蛀道内虫粪掏出，塞入或注入以下药剂毒杀：80% 敌敌畏乳油或 40% 氧化乐果乳油 5~10 倍液或 56% 磷化铝片剂（每份 0.2~0.3g），再用泥土封住洞口。

（4）用毒签插入蛀孔毒杀幼虫（毒签可用磷化锌、桃胶、草酸和竹签自制）。

（5）幼虫尚在根颈部皮层下蛀食，或蛀入木质部不深时，及时进行钩杀。

三十一、红肩虎天牛

红肩虎天牛属鞘翅目天牛科。在黑龙江、河北、安徽等省均有分布。寄主植物为食用菌耳木。

形态特征 成虫体长14~17.5mm，体赤褐色，头胸部黑色；触角10节，棕红色，鞭状；前胸背板宽略大于长，似球形，表面密布粗糙状刻点；鞘翅基部红褐色，鞘翅上有4条几乎等距离的黄色绒毛斑，中间的2条为细窄横条，前端的为椭圆形，呈"八"字形排列，后端为半圆形；胸、腹面被长毛，后胸前侧片具乳黄色圆斑，各腹节后缘呈黄色；中、后足腿节有长毛。卵长2mm，乳白色，近孵化前为淡灰色。幼虫体长14mm，初孵时乳白色，老熟时红褐色。

危害症状 初龄幼虫从段木韧皮部蛀入，随着虫龄增长进入木质部，使树皮与木质部产生离层，蛀食的孔道中充满虫粪，导致耳木菌丝断裂，耳芽不能形成，更严重的使树皮脱落，失去产耳能力。

发生规律 黑龙江东宁县1年发生1代，以蛹越冬。翌年5月上中旬平均气温15℃以上连续20~22d，羽化为成虫，羽化后第二天便可交尾产卵，5月下旬至6月上旬为幼虫孵化盛期，幼虫危害期长达4个月以上，10月老熟幼虫在木质部化蛹越冬。晴朗天气，成虫中午前后成群飞行，寻找配偶交尾。虫产卵前在耳木上呈"之"字形爬行，寻找产卵场所，卵产于耳木树皮裂缝处，每处产卵 1 粒，每只雌虫一生可产卵 40~50 粒。东宁县产卵盛期在 5 月下旬，卵期 8~10d，5 月底 6 月初为幼虫孵化盛期，幼虫在耳木中危害可长达 130d 左右。

防治方法

（1）人工捕捉成虫。在 5 月成虫羽化期，晴天中午前后捕捉成虫有一定的防效。

（2）药剂防治。在成虫产卵盛期，在耳木上喷洒敌百虫 800 倍药液；在产卵末期和幼虫孵化初期，在耳木表面喷洒 80% 敌敌畏乳剂 800~1 000 倍液，对成虫、卵、初孵幼虫均有较好的防效。

（3）将受害严重的耳木剔除并及时烧毁处理。

第二章　木蠹蛾类

一、芳香木蠹蛾

芳香木蠹蛾属鳞翅目木蠹蛾科。我国东北、华北、西北、西南等地均有分布。寄主植物为杨、柳、榆、槐、白蜡、栎、核桃、苹果、香椿、梨等。

形态特征　成虫体长 24~40mm，体灰乌色，触角扁线状，头、前胸淡黄色，中后胸、翅、腹部灰色，前翅翅面布满龟裂状黑色横纹。卵近球形，初为白色，孵化前暗褐色。老龄幼虫体长 80 ~ 100mm，初孵幼虫粉红色，大龄幼虫体背紫红色，侧面黄红色，头部黑色，有光泽。蛹长 50mm，赤褐色。

图18 芳香木蠹蛾幼虫危害状

危害症状 幼虫孵化后，蛀入皮下取食韧皮部和形成层，以后蛀入木质部，向上、向下穿凿不规则虫道，被害处可有十几条幼虫，蛀孔堆有深褐色虫粪和褐色液流出，幼虫受惊后能分泌一种特异香味。

发生规律 东北地区 2~3 年发生 1 代，以幼龄幼虫在树干内及末龄幼虫在附近土壤内结茧越冬。成虫 5~7 月产卵于树皮缝或伤口内，幼虫孵化后，蛀入皮下取食韧皮部和形成层。华北地区 2 年发生 1 代，以幼虫在被害树木的木质部或土里过冬。在土里过冬的老熟幼虫于翌年 4~5 月化蛹，5~6 月成虫羽化外出，成虫有趋光性，产卵于树皮裂缝或根际处。5~6 月幼虫孵化，先在皮下蛀食，长大后蛀入木质部。10 月下旬幼虫在木质部隧道里过冬，翌年 4 月继续危害。翌年 9 月下旬至 10 月上旬，老熟幼虫爬出隧道到树木附近根际处、杂草丛生的土梗、土坡等向阳干燥的土壤里结茧过冬。

防治方法

（1）及时清理被害枝干，消灭虫源。

（2）成虫发生期，利用黑光灯诱杀。

（3）用 50% 的敌敌畏乳油 100 倍液涂刷虫疤，杀死内部幼虫。

（4）树干涂白，防止成虫在树干上产卵。

（5）成虫发生期，喷 50% 的辛硫磷乳油 1 500 倍液，消灭成虫。

二、芳香木蠹蛾东方亚种

芳香木蠹蛾东方亚种属鳞翅目木蠹蛾科。分布于东北、华北、西北、华东、华中、西南等地区。寄主植物为柳、杨、榆、桦、白蜡、槐、丁香、核桃、山荆子等。

形态特征 成虫体长 24～37mm，灰褐色。雌虫头部前方淡黄色，雄虫色稍暗。触角栉齿状。胸腹部粗壮，灰褐色。前翅散布许多黑褐色横纹。卵近圆形，初为白色，后边为暗褐色或灰褐色，卵壳纵隆间具刻纹。老熟幼虫背部为淡紫红色，侧面稍淡，腹节间淡紫红色。前胸背

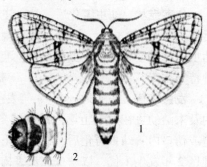

图 19　芳香木蠹蛾东方亚种
1. 成虫　2. 幼虫头部

板有较大的"凸"字形黑斑。老龄幼虫体长 56～70mm。蛹长 26～46mm，略向腹部弯曲，红棕色，腹节背面 2 行刺。

危害症状 幼虫蛀入枝、干和根际的木质部，蛀成不规则坑道，使树势衰弱，严重时能造成枝干，甚至整株树枯死。

发生规律 辽宁、北京 2 年发生 1 代，跨 3 年。第 1 年以幼虫在树干内越冬，第 2 年老熟后离树干入土越冬，第 3 年 5 月化蛹，6 月出现成虫。

防治方法

（1）树干涂白，防止成虫危害。

（2）对尚未蛀干的初孵幼虫，用50%对硫磷乳油或40%氧化乐果乳油1 000~1 500倍液喷雾毒杀，效果均好。对已蛀干的幼虫虫洞注射50%久效磷乳油或80%敌敌畏100~500倍液。

（3）灯光诱杀或用专用性诱剂诱杀。

（4）用8亿~10亿/g白僵菌液喷杀木蠹幼虫，也可用白僵菌黏膏涂在排孔口。

三、咖啡木蠹蛾

咖啡木蠹蛾属鳞翅目木蠹蛾科。分布于广东、江西、福建、台湾、浙江、江苏、河南、湖南、四川等省。寄主植物为水杉、乌桕、刺槐、咖啡、番石榴、核桃、薄壳山核桃、枫杨、悬铃木、黄檀、柑橘、苹果、梨、荔枝、龙眼等。

形态特征　成虫体长18~20mm，灰白色，

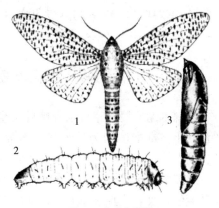

图20　咖啡木蠹蛾
1. 成虫　2. 幼虫　3. 蛹

具青蓝色斑点。雌虫触角丝状，雄虫触角基部羽毛状，端部丝状。胸具白长毛，中胸背板两侧有3对青蓝色圆斑。翅灰白色，翅脉间密布大小不等的青蓝色短斜斑点，外线有8个近圆形的青蓝色斑。卵椭圆形，杏黄色或淡黄白色，孵化前紫黑色。卵壳薄，无饰纹。老熟幼虫体长30mm左右，暗紫红色。头橘红色，

前胸背板黑色，后缘有锯齿状小刺 1 列。蛹长筒形，长 14~27mm，赤褐色。头端有一深色尖突，腹末端具 6 对臀刺。

危害症状　幼虫蛀食枝条，造成枝条枯死。

发生规律　河南 1 年发生 1 代，以幼虫在蛀道中越冬。翌年 3 月中旬开始取食，4 月中下旬至 6 月中下旬化蛹，5 月中旬成虫羽化，7 月上旬结束。5 月底、6 月上旬林间可见初孵化幼虫。

防治方法

（1）剪除虫枝，菊花凋谢后，将植株上部剪下烧毁。春末夏初幼虫为害时，剪下受害枝条烧毁。

（2）保护和利用天敌。

（3）化学防治。6 月上中旬幼虫孵化期，喷 50% 杀螟松 1 000 倍液，或喷 25% 园科 3 号 300~400 倍液，隔 7d 喷 1 次，连喷 2~3 次即可。

四、沙棘木蠹蛾

沙棘木蠹蛾属鳞翅目木蠹蛾科。在我国东北、华北和西北地区有分布。寄主植物为沙棘等。主要危害沙棘、沙柳、榆、山杏、沙枣等。

形态特征　成虫体长 25~40mm。前翅灰褐色，翅面密布许多黑褐色条纹。成虫翅缰由 11~17 根硬鬃组成。卵椭圆形，初产灰白色，渐变为褐色至深褐色，表面布满纵脊行纹，行间有横隔。老熟时体长 70~90mm，头黑色，体背红褐色，腹面色稍淡，各节有瘤状小突起，上有短毛。前胸背板骨化，褐色，上有一个浅色 "B" 形斑痕。蛹棕黑色，略向腹面弯曲。

危害症状　寄主根部被蛀食后，充满木屑和虫粪，致整株枯死。是目前沙棘林区主要蛀干害虫，以幼虫危害沙棘干部和根部，造成沙棘林大面积死亡。

发生规律 沙棘木蠹蛾4年发生1代，以幼虫在被害沙棘根部的蛀道中越冬。6月老熟幼虫爬出蛀孔入土化蛹，7月羽化成虫交尾产卵，7月下旬孵化，10月下旬幼虫越冬。成虫具较强趋光性。

防治方法

（1）生物防治措施。①筛选专化性强的白僵菌菌株进行人工繁殖，选择雨后湿润的天气施放。②积极保护和利用毛缺沟寄蜂、猪獾等天敌。

（2）物理防治。5月中旬至8月中旬，在有虫林内，应用杀虫灯诱杀成虫。每天开灯时间为20~23时，每5公顷设置1盏诱虫灯。为了保护天敌，不应长时间使用。

（3）化学防治。对被害树先将根部周围清除0.3m树盘，采用40%杀螟松乳油1 000倍液，或40%氧化乐果乳油1 000倍液，或2.5%敌杀死乳油2 000倍液等农药浇根毒杀各龄幼虫，浇药后将树盘还土覆回，防效可达95%以上。

（4）性信息素。用人工合成的性信息素，可以大面积控制沙棘木蠹蛾，是最为有效的监测和控制措施。

五、小木蠹蛾

小木蠹蛾属鳞翅目木蠹蛾科。分布于辽宁、吉林、黑龙江、内蒙古、河北、山东、江苏、福建、安徽、江西、湖南、陕西、宁夏等地。寄主植物为山楂、苹果、山荆子等果树，以及旱柳、垂柳、白蜡、丁香、白榆、槐、构等。

形态特征 成虫体长16~28mm，暗灰色至灰褐色。前翅基部2/3色深，密布不明显的黑色波状横纹；亚缘线黑色，较明显，近前缘分叉呈"Y"形。卵长约1.2mm，卵圆形，暗褐色，表面具纵棱，棱间有横刻纹。老熟幼虫体长25~40mm，头红褐色，胸、腹部背面浅红色，体背每节前半部有 1 条深红色宽横纹，后半部有浅红色窄横纹。腹面黄白色。腹部背面有刺突，末端向腹面弯曲。蛹长 16～34mm，褐色。

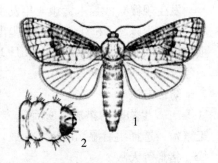

图21　小木蠹蛾
1. 成虫　2. 幼虫头部

危害症状　幼虫蛀食干、枝木质部，蛀孔处有木屑状虫粪，每隔一段即蛀一排粪孔，受害株叶小枝凋萎，大枝、主干枯死，甚至毁园。

发生规律　2 年发生 1 代，以幼虫 2 次越冬。翌年 3 月中下旬为越冬幼虫活动盛期。5 月上旬化蛹，蛹期 15～20d。6 月中旬至 8 月中旬成虫羽化，盛期在 6 月下旬至 7 月中旬。

防治方法

（1）锯除虫枝销毁。

（2）利用春、秋虫态整齐的习性，注射药液杀幼虫。可用 50%辛硫磷或 50%杀螟硫磷或 50%敌敌畏乳油 1 000 倍液等。

（3）成虫产卵期，可用 35%高效氯氰菊酯乳油 3 000～4 000 倍液或 2.5%溴氰菊酯乳油或 20%杀灭菊酯乳油 2 000～3 000 倍液喷树干和枝叶。

（4）夏季树干涂白杀卵，可用石灰水加 1%的敌百虫拌均匀后涂刷。

六、六星黑点蠹蛾

六星黑点蠹蛾属鳞翅目木蠹蛾科。国内分布较广。寄主植物为月季、紫荆、洋蹄甲、日本晚樱、山茶、山杏、石榴、碧桃、白玉兰、广玉兰、梅兰、黄杨、栀子花、香樟和法桐等，除上述花木外，还危害香石竹、杜鹃、柑橘、橙、咖啡、海棠等。

形态特征　成虫体长30mm 左右，白色，翅面有许多蓝黑色斑纹，前胸背板有 6 个明显的蓝黑色斑点，后翅色浅。卵椭圆形，浅黄色。幼虫体长35mm 左右，深红色。前胸背板骨化为黑斑，中央有条黄线，体上有小黑点。

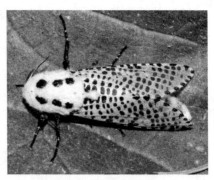

图 22　六星黑点蠹蛾成虫

危害症状　初孵幼虫从嫩梢端部或叶柄处蛀入，后转蛀到一二年生枝条的近基部，侵入后总是先环蛀一周，再由髓心上蛀，并每隔一段距离咬圆形排粪孔，排出黄白色、短柱形干燥虫粪。被蛀枝很快枯萎，易风折。幼虫一生会多次转枝，造成多枝枯萎、折断。

发生规律　华北地区 1 年发生 1 代，以老熟幼虫或蛹在寄主蛀道内越冬。翌年 5 月出现成虫，有趋光性。幼虫较活跃，有转移危害习性。由于地区不同及 11 月的气温变化，该虫发育有异，多以老熟幼虫或蛹在蛀道内

图 23　六星黑点蠹蛾幼虫危害状

越冬。

防治方法

（1）人工捕捉成虫。

（2）及时修剪严重受害虫枝，并烧毁虫源木。

（3）生物防治。如招引啄木鸟等；释放天敌。

（4）药剂防治。成虫期喷施 40%菊马合剂 2 000 倍液，兼杀卵和初孵幼虫；或用 20%灭蛀磷乳剂 50~100 倍液防治。幼虫危害期采用新型高压注射器，向树干内注射 10 倍内吸性杀虫剂。

七、梨豹蠹蛾

梨豹蠹蛾属鳞翅目木蠹蛾科。在我国天津、陕西、四川、河北和云南等地均有分布。寄主植物为杨、榆、榉、桦、梨、苹果、樱桃、杏、茶。

形态特征 雌蛾体长约 16mm，触角丝状。雄蛾体长约 18mm，触角双栉状。体灰白色。胸部背面具平行的 3 对黑蓝色斑点，腹部有黑蓝色斑点。前后翅散生大小不等的黑蓝色斑点。卵圆形，初产时淡黄色，孵化时棕褐色。幼虫体长 32~40mm，赤褐色。头部黄褐色。蛹体长 25~28mm，长筒形，赤褐色。

图 24 梨豹蠹蛾成虫

危害症状 以幼虫蛀食树干和枝条，使被害处以上的枝条黄化、枯死或折断；受害枝条不能正常结果，即使结果也不能生长成熟。

发生规律 梨豹蠹蛾的幼虫钻进落叶树或果树内，约生活

2 年，然后在树洞化蛹，
成虫翅白色，具黑色或蓝
色斑。

防治方法

（1）可利用成虫的趋
光性，以黑光灯诱杀成虫，
或利用人工合成性诱剂诱
杀成虫，能获较好效果。

（2）对已蛀干的幼
虫，可用久效磷、哒嗪硫

图 25　梨豹蠹蛾危害状

磷及磷化铝等杀虫剂，于 4~9 月分别将药液注射虫孔以毒杀已
蛀入干部的幼虫，或在干基钻孔，灌药毒杀干内幼虫。

（3）用磷化铝片剂堵塞虫孔熏杀根、干部的幼虫等。

（4）注意保护啄木鸟及其他天敌。

八、沙柳木蠹蛾

沙柳木蠹蛾属鳞翅目木蠹蛾科。国内分布于陕西、内蒙古、
新疆、甘肃、宁夏；国外分布于土耳其、俄罗斯、阿富汗、蒙
古。寄主植物为杨、沙柳、沙蒿等。

形态特征　成虫雌虫体长 23.4~32.5mm，雄虫体长 20.6~
25.7mm。触角丝状，扁平。体灰黑色，前胸背面有"八"字形
白色或黑色毛片带，与后缘的"一"字形白色或黑色毛片带相
连，其余均为黑白相间的毛片所覆盖。卵初灰白色，椭圆形，其
上有褐色短纹，孵化前暗灰色。初孵幼虫体淡红色，每节背面有
两道桃红色斑纹。老熟幼虫体长 49~59mm，黄白色；头小，黑
褐色；冠缝及额的两侧为紫红色；前胸盾较硬，其上具长方形黄
红色斑；前胸背板横列淡红色斑 3 个，中间的为长条形，两侧的

为倒三角形。蛹深褐色，长
19.0~37.8mm。

危害症状 此虫主要危
害多年生沙柳，以生长在沙
丘顶部主根或根茬外露的多
年生沙棘受害最重，因根被
蛀空可导致整株死亡。

发生规律 陕西4年发
生1代，以幼虫在被害沙柳
根部的蛀道内越冬。5月老
熟幼虫出蛀道入沙化蛹。5

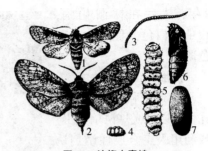

图26　沙柳木蠹蛾
1. 雄成虫　2. 雌成虫　3. 雄虫触角
4. 卵　5. 幼虫　6. 蛹　7. 茧

月底至6月初成虫开始羽化，6月中旬达盛期。初孵幼虫于6月
底至7月上旬始见。10月下旬幼虫越冬。

防治方法

（1）化学防治。①对尚未蛀入干内的初孵幼虫可用50%倍
硫磷乳油1 000~1 500倍液，或40%氧化乐果乳油1 500倍液，
或50%久效磷乳油1 000~1 500倍液，或2.5%溴氰菊酯、20%杀
灭菊酯3 000~5 000倍液喷雾毒杀，效果均好。②药剂注射虫孔、
毒杀幼虫。常用药剂为80%敌敌畏100~500倍液。③树干基部
钻孔灌药、内吸传导，毒杀干内幼虫，常用药剂为50%久效磷乳
油，35%甲基硫环磷内吸剂原液。④磷化铝片剂堵塞虫孔熏杀
根、干内幼虫。经试验每虫孔填入0.119~0.165g药，外敷黏泥，
熏杀根、干内幼虫（同时可杀天牛幼虫），杀虫率均能达到90%
以上。

（2）灯光诱杀成虫。

九、荔枝拟木蠹蛾

荔枝拟木蠹蛾属鳞翅目拟木蠹蛾科。在我国各荔枝产区均有分布，包括广东、广西、福建、云南、江西、湖北、台湾等省区。寄主植物为荔枝、龙眼、柑橘、相思树、木麻黄等。

形态特征　成虫体长 10~14mm，灰白色，胸、腹基部及腹末被黑褐色鳞毛。前翅灰白色，具灰褐色横条纹；中室有一个黑色大斑纹，臀区具一个小黑斑，翅边缘有成列的灰棕色小斑块。后翅灰白色，边缘有成列的灰色斑纹。雄虫较雌虫体小。卵扁椭圆形，乳白色，呈鱼鳞状排列，外被黑色胶质物。老熟幼虫体长 26~34mm，头部及胴体漆黑色，体壁大部分骨化。蛹为被蛹，长 14~17mm，深褐色，头部有一对分叉的突起。

危害症状　幼虫钻蛀枝干，使成坑道，主要食害枝干韧皮部，严重削弱树势或导致风折。幼树受害更重。

发生规律　福建和广东 1 年发生 1 代，以幼虫在坑道内越冬。3~4 月化蛹，4~5 月羽化，产卵盛期为 4 月下旬至 6 月上旬。

防治方法

（1）农业防治。①及时剪除被害枝条或挖掉被害苗，杀死幼虫。②用铁丝刺杀坑道内幼虫和蛹，或用黏土堵塞坑道孔口，使幼虫和蛹不能外出而窒息死亡。

（2）化学防治。①清除皮屑、虫粪后，往虫害坑道口灌注 80%敌敌畏乳剂 30 倍液；或塞入克牛灵胶丸剂，熏杀蛀道内幼虫，均有高效。②用"海绵吸附法"或注射法往坑道施放昆虫病原线虫 A24，每坑 2 000~4 000 条，不仅高效、无污染，而且有利于树干蛀道的愈合。

十、相思拟木蠹蛾

相思拟木蠹蛾属鳞翅目拟木蠹蛾科。广泛分布于广东、广西、福建、海南、台湾等省区。寄主植物为荔枝、龙眼、芒果、柑橘、槟榔、相思树、木麻黄、羊蹄甲、白兰、木棉等。

形态特征　成虫体长 7~12mm，灰褐色，腹末黑褐色。前翅灰白色，中室具一长方形黑斑，有 6 个排成弧形的褐色斑；翅缘有褐色斑 20 余个，其他部分具不规则灰色斑纹。后翅灰色，外缘有褐色斑 5 个。卵椭圆形，长约 0.6mm，乳白色。卵块鱼鳞状，外被黑褐色胶质物。老熟幼虫长 18~27mm，漆黑色，体壁大部分骨化，头部赤褐色，3 对胸足左右足间的距离比例为 1:1.5:2，是此虫与荔枝拟木蠹蛾幼虫的区别特征。蛹为被蛹，长 12~16mm，赭黄色，头部有 1 对不分叉的粗大突起。

危害症状　幼虫钻蛀寄主植物的木质部，并啃食枝干皮层，致使枯枝增多，严重影响生长。幼树受害，可致死亡。

发生规律　福建和广东 1 年发生 1 代，以幼虫在坑道内越冬。3~4 月化蛹，4~5 月羽化，产卵盛期为 4 月下旬至 6 月上旬。

防治方法

（1）产卵盛期及时刮除卵块。

（2）从幼虫隧道发现蛀道口后，用钢丝捅刺蛀道后塞入56%磷化铝片剂、克牛灵胶丸剂，或用棉花蘸 80%敌敌畏或 40%氧化乐果乳剂 30 倍的稀释液封闭孔口，熏杀蛀道内幼虫。

（3）用吸附 5 000 条斯氏 A24 线虫的海绵碎块塞入蛀道口，或注入每毫升含 A24 线虫 2 000 条的悬浮液 2mL，仅 2~5d 便可杀死害虫，而且有利蛀道的愈合。

第三章　透翅蛾类

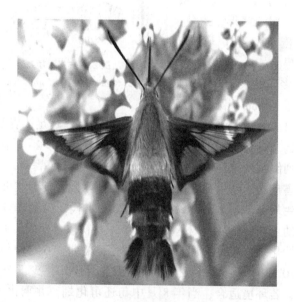

一、白杨透翅蛾

白杨透翅蛾属鳞翅目透翅蛾科。分布于河北、河南、北京、内蒙古、山西、陕西、江苏、浙江等地。寄主植物为杨、柳科树木，以危害银白杨、毛白杨、加拿大杨、中东杨、河北杨为重。

形态特征 成虫体长 11～21mm，翅展 23～39mm。外形似胡蜂。头半球形，头和胸部之间有橙黄色鳞片围绕，头顶有米黄色鳞片。前翅纵狭，有赭色鳞片，中室与后缘略透明。后翅透明，缘毛灰褐色。腹部圆筒形，黑色，有 5 条橙黄色环带。卵椭圆形，黑色，上有灰白色不规则多角形刻纹。老熟幼虫体长 30mm，圆筒形。

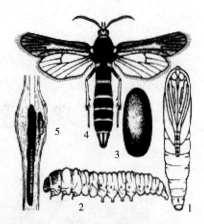

图 27 白杨透翅蛾
1. 蛹 2. 幼虫 3. 茧 4. 成虫 5. 危害状

初龄幼虫淡红色，老熟时黄白色。胸足 3 对，腹足、臀足退化，仅留趾钩。蛹长 12～23mm，纺锤形，褐色。腹部 2～7 节，背面各有横列倒刺两排，9、10 两排具刺 1 排。腹末具臀棘。

危害症状 幼虫钻蛀枝干和顶芽，苗木被害则形成虫瘿。

发生规律 华北地区多为 1 年发生 1 代，少数 1 年发生 2 代，以幼虫在枝干隧道内越冬。翌年 4 月初取食危害，4 月下旬幼虫开始化蛹，成虫 5 月上旬开始羽化，盛期在 6 月中旬到 7 月上旬，10 月中旬羽化结束。卵始见于 5 月中旬，少部分孵化早的幼虫，若环境适合，当年 8 月中旬还可化蛹，并羽化为成虫，发生第 2 代。

防治方法

（1）选择抗虫树种。如有些杂交杨树对白杨透翅蛾有较强的抗性。

（2）加强检疫。在引进或输出苗木时，严格检验，发现虫瘿要剪下烧毁，以杜绝虫源。

（3）人工防治。幼虫初蛀入时，发现有蛀屑或小瘤，要及时剪除或削掉，或向虫瘿的排粪处钩杀幼虫。秋后修剪时将虫瘿剪下烧毁。

（4）药剂防治。在幼虫侵入枝干后，表面有明显排泄物时，可用 50%磷胺乳油加水 20~30 倍液涂一环状药带，或滴、注蛀孔，药杀幼虫。用三硫化碳棉球塞蛀孔，孔外堵塞黏泥，能杀死潜至隧道深处的幼虫。幼虫初侵入期往受害的干、枝上涂抹溴氰菊酯泥浆（2.5%溴氰菊酯乳油 1 份，黄黏土 5~10 份，加适量水合成泥浆）毒杀初孵化的幼虫。抓住初孵幼虫尚未钻入树干的有利时机，在枝干上喷洒 1:500~1:1 000 的敌敌畏液，毒杀效果良好。

二、杨干透翅蛾

杨干透翅蛾属鳞翅目透翅蛾科。分布于山西、青海、甘肃、内蒙古。寄主植物为杨、柳、槐等。

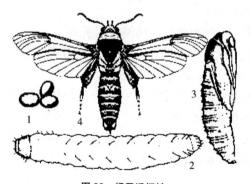

图 28　杨干透翅蛾
1. 卵　2. 幼虫　3. 蛹　4. 成虫

形态特征　成虫前翅狭长，后翅扇形，透明，缘毛深褐色；

腹部具 5 条黄褐相间的环带。雌蛾体长 25～30mm，触角棍棒状；雄蛾体长 20～25mm，触角栉齿状。卵长 1.2～1.4mm，长圆形，褐色，表面光滑无光泽。幼虫体圆柱形。初孵幼虫头黑色，体灰白色；老熟幼虫头深紫色，体黄白色。体长 40～45mm，体表具稀疏黄褐色细毛。蛹褐色，纺锤形，长 25～35mm。

危害症状 幼虫蛀害树干和老枝。受害树干基部留下孔状洞穴。严重危害时，树干基部皮层翘裂，树干木质部直至髓心都被蛀空，致使整个树木枯死或从基部极易风倒、风折。

发生规律 3 年发生 1 代，当年孵化的幼虫蛀入树干后，多潜伏皮下或在木质部虫道内越冬。翌年 4 月初活动危害，至 10 月上旬停止取食，第二次越冬。老龄幼虫越冬后，第三年春季 3 月下旬再行危害。7 月下旬幼虫老熟化蛹，8 月中旬成虫出现，8 月底至 9 月初为羽化盛期。9 月中旬羽化结束。新一代幼虫 8 月底孵化蛀入树干危害，9 月中旬为孵化盛期，9 月下旬至 10 月上旬开始越冬。幼虫入侵后在树干内经过 2 个冬季，危害时间长达 22 个月。

防治方法

（1）用杨干透翅蛾性引诱剂进行诱杀。

（2）该虫绝大部分集中在树干基部危害，蛹期在树干基部湿埋后踩实或拍实，阻止其羽化。

（3）该虫羽化时间集中并在树干上停留时间较长，每天 8:30～11:30 组织人工捕杀。

（4）在幼虫活动期，先用铁丝等工具将新虫粪掏出，随后将磷化铝毒签插入孔内熏杀。

三、葡萄透翅蛾

葡萄透翅蛾属鳞翅目透翅蛾科。分布于辽宁、河北、山东、陕西、四川、湖北、江苏、浙江、上海等地区。寄主植物为各种葡萄。

形态特征　成虫体长 18～20mm，黑色。前翅底部红褐色，前缘及翅脉黑色，后翅膜质透明；腹部有 3 条黄色横带，粗看像一头深蓝黑色的胡蜂。卵椭圆形，略扁平，红褐色。老熟时体长 38mm，全体呈圆柱形，头部红褐色，口器黑色；胴部淡黄色，老熟时带紫色，前胸背板上有倒"八"字纹。胸足淡褐色，爪黑色。全体疏生细毛。蛹长 18mm，红褐色，呈椭圆形。

危害症状　以初孵幼虫从叶柄基部及叶节蛀入嫩茎再向上或向下蛀食；蛀入处常肿胀膨大，有时呈瘤状，枝条受害后易被风折而枯死。主枝受害后会造成大量落果，失去经济效益。

发生规律　1 年发生 1 代，以幼虫在葡萄枝条内越冬。翌年 5 月上旬越冬幼虫作茧化蛹，6 月上旬成虫羽化。成虫散产卵于新梢上；幼虫孵化多从叶柄基部钻入新梢内危害，也有在叶柄内串食的，最后均转入粗枝内危害，幼虫有转移危害习性；9～10 月即在枝条内进行越冬。

防治方法

（1）人工防治。6 月上中旬观察叶柄、叶腋处有无黄色细末物排出，如有用脱脂棉稍蘸烟头浸出液，或 50% 杀螟松 10 倍液涂抹。

（2）物理防治。悬挂黑光灯，诱捕成虫。

（3）药剂防治。在葡萄抽卷须期和孕蕾期，可喷施 20% 拟除虫菊酯类农药 1 500～2 000 倍液，收效很好；也可当主枝受害发现较迟时，在蛀孔内滴注烟头浸出液，或选 50% 杀螟松 5～10 倍液喷施。

（4）生物防治。将新羽化的雌成虫 1 头，放入用窗纱制的小笼内，中间穿一根小棍，搁在盛水的面盆口上，面盆放在葡萄旁，每晚可诱到不少雄成虫。

四、苹果透翅蛾

苹果透翅蛾属鳞翅目透翅蛾科。分布于辽宁、吉林、黑龙江、河北、河南、山东、山西、陕西、甘肃、江苏、浙江、内蒙古。寄主植物为苹果、李、桃、杏、樱桃、梨等。

图29　苹果透翅蛾成虫

形态特征　成虫体长14~15mm，蓝黑色，具光泽。胸部背面肩片内侧具黄边，大部分蓝黑色。翅透明。前翅狭长，其前缘、外缘、后缘及翅脉均黑色，近外端1/3处有1条黑色粗横纹。腹部第4、5节背面各有1条黄色宽横带。腹末丛生鳞毛。卵长0.5~0.6mm，扁椭圆形，淡黄色。表面有白色刻纹。老熟时体长22~25mm，头部黄褐色，胸、腹部乳白色至淡黄色。蛹长约15mm，黄褐色。

危害症状　幼虫在树干、枝杈等处蛀入皮层下，食害韧皮部，造成不规则的虫道，深达木质部，被害部常有似烟油状的红褐色的粪屑及树脂黏液流出。

发生规律　在辽宁、河北、山东等1年发生1代，以2~4龄幼虫在被害处皮下结茧越冬。辽宁4月上中旬开始取食，5月下旬至7月上旬幼虫陆续老熟，6月中旬至8月上旬羽化。孵化后幼虫危害至10月下旬，然后陆续结茧越冬。

防治方法

晚秋和早春，结合刮皮，仔细检查主枝、侧枝等大枝枝杈处、树干上的伤疤处、多年生枝橛及老翘皮附近，发现虫粪和黏液时，用刀挖出杀死。9月幼虫蛀入不深，龄期小，可用涂药法杀死小幼虫，如80%敌敌畏乳油10倍或80%敌敌畏乳油1份+19份煤油配制成的溶液，用毛刷在被害处涂刷，即可杀死皮下幼虫。

五、桃透翅蛾

桃透翅蛾属鳞翅目透翅蛾科。我国大部分地区均有分布。寄主植物为桃、樱桃、李、梅、杏、油桃、野樱桃及李属的观赏灌木。

形态特征 成虫体长25mm，翅光滑；腹部第3、5、6腹节上有狭窄的黄色条纹，在第4和第5腹节上有宽的橙色条纹。雌虫前翅不透明，蓝黑色；后翅透明。雄虫的前后翅均透明，有琥珀色光泽，边缘较暗。卵圆形，肉桂色至红褐色，长不到1mm。幼虫体白色，头棕黄色或暗褐色，完全成熟时体长38mm。蛹棕色，长16～19mm，雌虫在将羽化之前可见橙色条纹。茧红褐色。

危害症状 与李透翅蛾不同，可危害健康的寄主，并能使小树死亡。幼虫可危害植物的韧皮组织，也可危害接近地面的大树根。小树会由于被环状剥去树皮而死亡，大树受到危害再加上其他昆虫、疾病或严寒的伤害，也可能死亡。

图30 桃透翅蛾成虫

发生规律 1年发生1代，以不同阶段的幼虫在树皮下或附近的地上越冬。春天或初夏幼虫恢复取食完成生活。茧竖立于土中或树皮下。3～4周后成虫羽化，6～9月是成虫的活动期。成虫白天活动，雌虫在羽化当天交配并产卵。每个雌虫平均产卵量为 400 个。雌虫只有 7d 的生命。10d 之内幼虫孵化，幼虫藏匿于树缝、杂草和附近的土中。它通过树缝和伤口对寄主进行危害。

防治方法

保持寄主的健康很重要，因为它只危害不健康的寄主。修剪枝条可减少虫口数，但注意不要伤到寄主。检测后，需防治的可用拟除虫菊酯喷施。另外，在 6 月施用硫丹可防治第 1 代幼虫，收获之后可用毒死蜱防治第 2 代幼虫。幼虫阶段防治用手动的注射器直接将药剂注射入伤口。

六、海棠透翅蛾

海棠透翅蛾属鳞翅目透翅蛾科。分布于河北、河南、山东、山西及北京、天津等省市。寄主植物为苹果、沙果、海棠、梨、桃、李、樱桃、梅等。

形态特征　成虫体长 9~13mm，蓝黑色，有光泽。胸部背面为蓝黑色，第 2、4 节后缘有 1 条极明显的黄色横带。腹末毛丛发达。雄蛾毛丛后缘黄色；雌蛾毛丛由 3 束蓝黑色毛丛和 2 束黄色毛丛组成。卵长 0.5mm，浅黄褐色，表面有极细的六角形白色网纹。幼虫体长 20~25mm，头黄褐色，体乳白色至淡黄色。疏生黄色细毛。腹足趾钩单序 2 条横带。蛹长 13~15mm，黄褐色，头稍尖，中胸背面有 3 条纵脊。雄蛹腹部背面第 3~7 节各生 2 排刺突，前排粗大，后排细小；第 8、9 节只有前排 1 排。雌蛹腹部背面第 3~6 节有 2 排刺突，第 7、8、9 节只有 1 排。

危害症状　此虫主要以幼虫蛀食皮层和木质交界处的韧皮和嫩皮层，被害处春季常流出红褐色黏液，有时呈圆柱状，有时流淌，并有虫粪排出，用刀剥开，内有红褐色液体和不规则的蛀孔道，多分布在主枝权处和主干粗皮处。

发生规律 华北 1 年发生 1 代，以幼虫在皮层内结茧过冬。翌年 3 月下旬开始活动，4 月末化蛹，6 月上旬为蛹盛期，成虫羽化期自 5 月末至 8 月上旬陆续发生，羽化盛期在 6~7 月。卵孵化直至 8 月中旬，到 11 月不同龄期的幼虫均可结茧过冬。

防治方法

（1）在幼虫危害处涂抹敌敌畏煤油乳剂（每千克敌敌畏加 200g 煤油）以杀死幼虫。

（2）人工挖出幼虫杀死，伤疤处涂以灭腐灵；也可将被害处粗皮和粪便轻轻刮去，露出虫孔而后抹 20 倍氧化乐果或甲胺磷，以杀死幼虫。一般应在春季进行。

（3）成虫盛发期喷药杀死成虫，可喷 1 000 倍马拉硫磷、1 000 倍敌敌畏、2 000 倍灭扫利等。

（4）秋冬和早春结合刮治腐烂病，刮除虫疤或以敌敌畏涂抹虫疤，毒杀幼虫。成虫发生期，可喷洒敌百虫等药剂防治。

七、醋栗透羽蛾

醋栗透羽蛾属鳞翅目透翅蛾科。寄主植物为茶藨子、醋栗、灰桤木和盐肤木、黑穗醋栗。

形态特征 成虫体长 8 ~ 12mm，以黑色为主；腹部有黄色环纹；前翅黑，后翅透明。幼虫头部黄褐色，胸腹部乳白色，体长 11~14mm。

图 31 醋栗透羽蛾成虫

危害症状 透羽蛾是目前黑穗醋栗生产上危害最重的枝干害虫，它以幼虫蛀食枝干，在髓部上下串食危害，造成枝条空心，并排出粪便，被害长度一般为10~15cm，枝条被害长度随枝条粗度增加有缩短趋势。发生较重的成龄树每丛有幼虫多达70~100头，不同龄枝条均受害，尤其结果能力强的2~3年生枝受害严重，导致树势变弱，越冬后枝条抽干，展叶结果后折断。

发生规律 1年发生1代，以幼虫在枝条髓部越冬。翌年4~5月继续在髓部危害，5月中旬开始化蛹，羽化期需45~50d，成虫羽化期与当年气温密切相关。6月中旬开始出现成虫，6月下旬是成虫产卵的相对集中期；成虫羽化后一般3d开始交尾，多在14~15时进行。成虫飞翔能力强，一次可飞5~10m；在树枝伤口、凹陷、裂缝、芽基部和芽两侧的缝隙处产卵。羽化高峰期开始后12d左右是卵孵化幼虫高峰，幼虫钻入髓部后的9~10月是危害高峰期。11月上旬幼虫进入休眠。透翅蛾的生活史很整齐，树干内幼虫大小不等，一年四季均有，给防治带来困难。

防治方法

（1）药剂防治。在成虫羽化初期及产卵高峰期喷洒50%敌敌畏乳剂1 000倍液，2周喷1次；或50%辛硫磷乳油1 000倍液。

（2）性诱剂诱杀。将未交配的雌成虫放入水盆中，然后放在田间，对雄虫有明显的诱杀效果。

（3）生物防治。用寄生性线虫或茧蜂进行防治。

（4）物理防治。春秋两季将被害枝干剪除并集中烧毁。

（5）农业防治。修剪时及时发现被害枝条，杀死幼虫。

八、板栗兴透翅蛾

板栗兴透翅蛾属鳞翅目透翅蛾科。国内分布于河北、北京。

寄主植物为板栗。

形态特征　成虫体长 9~10mm，体黑色，具蓝绿紫色光泽。头部被鳞片，光滑，基部具白色鳞毛，额圆凸，具光泽。触角黑褐色，棍棒状，末端稍弯曲，并具有小毛束。雄蛾触角腹面具纤毛；胸部光滑；足黑色，具黄白色斑。卵椭圆形略扁，中央微凹，黑褐色，外饰灰白色网状花纹，长约 0.4mm。初孵幼虫体白色，半透明；老熟幼虫体长约 14mm，乳白色，头部红褐色，前胸背板淡褐色，具一褐色倒 "八" 字形纹。蛹体长约 10mm，初蛹黄褐色，近羽化的黑褐色。

危害症状　幼虫蛀入深层，成片状蛀食。树干被害后，初期树皮鼓起并发红，从皮缝中见到很细的褐色虫粪，可断定此处有虫正在危害。随着被害部位的增大，树皮逐渐外胀、纵裂，树皮内和木质部间充满褐色虫粪，并以丝连缀。

发生规律　1 年发生 2 代，以 3~5 龄幼虫越冬。翌年 4 月初开始活动，4 月上中旬开始化蛹，5 月上旬越冬代的成虫开始羽化，5 月中下旬为羽化盛期，6 月上旬为末期。第 1 代幼虫于 5 月底 6 月初开始孵化，6 月上中旬为孵化盛期。7 月中旬开始化蛹，7 月底 8 月上旬为化蛹盛期。7 月下旬第 1 代成虫开始羽化，8 月上中旬为羽化盛期，8 月底 9 月初为末期；第 2 代幼虫于 8 月中旬左右开始孵化，8 月中下旬为孵化盛期，8 月底 9 月上旬为末期。幼虫孵化后，危害到 11 月上旬陆续越冬。

防治方法

（1）引进或输出苗木和枝条要严格检疫，把好挖苗、割条和苗木调入后剪条、插条、栽苗等关，及时剪除虫蛀条，以防止传播。

（2）刮除虫疤周围的翘皮、老皮并加以烧毁，以消灭幼虫。

（3）成虫羽化盛期，全园喷洒 80% 敌敌畏乳油或 40% 氧化乐果或 2.5% 溴氰菊酯 1 500~2 000 倍液，以毒杀成虫；幼虫越冬前或出蛰时用 80%敌敌畏煤油的 1∶6 倍液；或与柴油的 1∶20 倍液涂刷虫斑或全面涂刷树干；幼虫生活期中发现枝干上有新虫粪立即用上述混合药液涂刷；或用 50%杀螟松乳油柴油液（1∶5）滴虫孔；或用 40%杀螟松乳油或 50%磷胺乳油 20~80 倍液于被害处 1~2cm 范围内涂刷一环状药带；幼虫孵化盛期在树干下部每 7d 喷洒 1 次 40%氧化乐果乳油或 50%甲胺磷乳油 1 000~1 500 倍液，喷 2~3 次。

第四章　螟蛾类

一、松梢螟

　　松梢螟属鳞翅目螟蛾科。分布于东北、华北、西北、西南、南方等地区，主要危害马尾松、油松、黑松、赤松、黄山松、华山松、火炬松、湿地松、雪松等。

　　形态特征　雌成虫体长 10~16mm，雄成虫略小，体灰褐色。触角丝状；雄虫触角有细毛，基部有鳞片状突起；前翅灰褐色，有 3 条灰白色波状横带，后翅灰白色，无斑纹，足黑褐色。卵椭圆形，长约 0.8mm，黄白色，将孵化时变为樱红色。幼虫体淡褐色，少数为淡绿色。头及前胸背板褐色，中后胸及腹部各节有 4 对褐色毛片，背面的两对较小，呈梯形

图 32　松梢螟幼虫

排列，侧面的两对较大。蛹黄褐色，体长 11~15mm。

危害症状　以幼虫钻蛀主梢，引起侧梢丛生，树冠呈扫帚状，严重影响树木生长。幼虫蛀食球果影响种子产量，也可蛀食幼树枝干，造成幼树死亡。

发生规律　吉林 1 年发生 1 代，辽宁、北京、河南、陕西 1 年发生 2 代，南京 1 年发生 2~3 代，广西 1 年发生 3 代，均以幼虫在被害枯梢及球果中越冬，部分幼虫在枝干伤口皮下越冬。出现期分别为越冬代 5~7 月，第 1 代 8~9 月，第 2 代 9~10 月，11 月幼虫开始越冬。有世代重叠现象。

防治方法

（1）加强幼林抚育，促使幼林提早郁闭修枝时留茬要短，切口要平，减少枝干伤口，防止成虫在伤口产卵；利用冬闲时间，组织群众摘除被害干梢、虫果，集中处理，可有效压低虫口密度。

（2）根据成虫趋光性，用黑光灯及高压汞灯诱杀成虫。

（3）在母树林、种子园可用 50% 杀螟松乳油 1 000 倍液喷雾防治幼虫。

二、楸蠹野螟

楸蠹野螟属鳞翅目螟蛾科。分布于辽宁、北京、河北、河南、山东、山西、江苏、浙江、湖南、湖北、四川、云南、贵州、陕西、甘肃等省市。寄主植物为楸、梓、黄金树等。

形态特征 成虫体长15mm，灰白色，头、胸、腹各节边缘略带褐色。前翅白色，基部有黑褐色锯齿状二重线，内横线黑褐色；中室内及外端各有1个黑褐色斑点，中室下方有1个不规则近方形的黑褐色大型斑，近外线处有黑褐色波状纹2条，缘毛白色。后翅有黑褐色横线3条，中、外横线的前端与前翅的波状纹相接。卵椭圆形，长约1mm，初为乳白色，后变为深红色，透明，卵壳上布满小凹陷。老熟幼虫体长22mm，灰白色，前胸背板黑褐色。蛹纺锤形，长约15mm，黄褐色。

危害症状 幼虫蛀嫩枝新梢，被害部位呈瘤状突起，造成枯梢、风折、干形弯曲，一株苗，可多处受害。

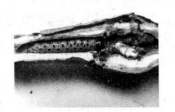

图33　楸蠹野螟危害状

发生规律 1年发生2代，以幼虫在枝条内越冬。翌年继续危害枝条髓部，4月在枝中化蛹，化蛹前在虫道附近咬一圆形羽化孔，并吐丝封闭；5月间由此破丝而出。第1代幼虫5~6月发生，6~7月化蛹，7~8月第1代成虫出现。8~9月出现第2代幼虫。10月后老熟幼虫在1~2年生枝条内越冬。

防治方法

（1）剪除虫瘿枝条。第1代幼虫发生盛期，剪去被害枝梢，所剪被害枝应烧掉或深埋销毁。

（2）使用毒签插入蛀孔，用泥巴堵住蛀孔边缘，毒杀幼虫。

（3）成虫羽化期，可用黑管灯、诱虫灯诱杀成虫。

（4）幼虫孵化期，喷 1 000 倍敌敌畏或马拉硫磷防治；幼虫危害期采用氧化乐果涂干，能杀死枝内幼虫；成虫出现时，可用 1 000 倍马拉硫磷或敌百虫喷洒，毒杀成虫和初孵幼虫；5~8 月，每 10d 喷 1 次氧化乐果和氯氰菊酯预防楸螟虫危害。

（5）加强种苗检疫，严防传播。

三、大丽菊螟

大丽菊螟属鳞翅目螟蛾科。全国各地均有发生。主要危害大丽菊、波斯菊、菊花、美人蕉、唐菖蒲等。

形态特征 成虫黄褐色，雄蛾体长 10~13mm，体背黄褐色，腹末较瘦尖，触角丝状，灰褐色，前翅黄褐色，有 2 条褐色波状横纹，横纹间有 2 条黄褐色短纹，后翅灰褐色；雌蛾形态与雄蛾相似，色较浅，前翅鲜黄，线纹浅褐色，后翅淡黄褐色，腹部较肥胖。卵扁平，椭圆形，数粒至数十粒组成卵块，呈鱼鳞状排列，初为乳白色，渐变为黄白色，孵化前卵的一部分为黑褐色。老熟幼虫体长 25mm 左右，圆柱形，头黑褐色，背部颜色有浅褐、深褐、灰黄等多种，中后胸背面各有毛瘤 4 个，腹部 1~8 节背面有 2 排毛瘤。蛹长 15~18mm，黄褐色，长纺锤形，尾端有刺毛 5~8 根。

危害症状 以幼虫钻蛀茎部危害，受害严重时，植株几乎不能开花。

发生规律 在华北地区 1 年发生 2 代，以幼虫在寄主的蛀道内越冬。翌年 5 月下旬成虫羽化，日伏夜出。成虫一般将卵产在植物上部叶片背面，卵块呈鱼鳞状，卵期 7d。初孵幼虫从寄主的芽或叶柄基部蛀入茎内，幼虫有转移危害习性。4~10 月为幼

虫危害期，8~9月危害最重，10月
下旬幼虫开始越冬。

防治方法

（1）发生严重地区彻底烧毁有
虫茎秆，以减少越冬虫源。

（2）灯光诱杀成虫。

（3）在玉米地周围不要种植大
丽花或杨柳。

图34 大丽菊螟危害状

（4）幼虫孵化期，喷施90%敌百虫晶体800~1 000倍液，效
果较好。

（5）卵期施放赤眼蜂，一般放蜂量为1：10。

四、桃蛀螟

桃蛀螟属鳞翅目螟蛾科。全国大部地区均有分布。寄主植物
为桃、板栗、杏、李、梅、苹果、梨、核桃、葡萄、无花果、柑
橘、荔枝、龙眼、向日葵、高粱、蓖麻、银杏等。

形态特征 成虫鲜黄色，
体长11~13mm，前翅有25~
28个黑斑，后翅10~15个，
腹部各节也有少数黑斑。卵
椭圆形，长0.6mm，表面有
小圆形刻点，初产乳白色，
孵化前桃红色。幼虫体色多
变，呈紫红色、淡灰色、灰
褐色等。头部暗褐色，腹部

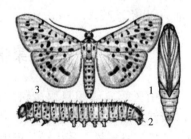

图35 桃柱螟
1. 蛹 2. 幼虫 3. 成虫

淡绿色，体长22~25mm。蛹长13~15mm，腹末稍尖，第5~7节
前缘各有1列小齿，腹部末端有臀刺7根。

危害症状 幼虫多从桃果柄基部和两果相贴处蛀入,蛀孔外堆有大量虫粪,虫果易腐烂脱落。

发生规律 华北地区 1 年发生 2~3 代,长江流域 1 年发生 4~5 代,以末代老熟幼虫在高粱、玉米、蓖麻残株及向日葵花盘和仓库缝隙中越冬。华北地区越冬代幼虫 4 月开始化蛹,5 月上中旬羽化。第 1 代幼虫主要危害果树,第 1 代成虫及产卵盛期在 7 月上旬;第 2 代幼虫 7 月中旬危害春高粱;8 月中下旬是第 3 代幼虫发生期,集中危害夏高粱;9~10 月第 4 代幼虫危害晚播夏高粱和晚熟向日葵。10 月中下旬以老熟幼虫越冬。长江流域第 2 代危害玉米茎秆。无果树种植区常年危害玉米及向日葵。

防治方法

(1) 清除越冬场所的越冬虫,脱粒时将玉米秆、高粱穗、向日葵盘和蓖麻残株等上面的越冬虫集中消灭。仓库缝隙及果园树皮缝隙的越冬幼虫也要杀灭。

(2) 在高粱抽穗始期要进行卵与幼虫数量调查,当有虫(卵)株率20%以上或 100 穗有虫 20 头以上时即用50%磷胺乳油或 40%氧化乐果乳油 1 000~1 500 倍液,或用 2.5%溴氰菊酯乳油3 000 倍液喷雾。

五、果梢斑螟

果梢斑螟属鳞翅目螟蛾科。分布于辽宁、河北、陕西、江苏、浙江、湖北、江西、湖南、台湾、广东、四川等省。寄主植物为油松、马尾松、华山松、黄山松、白皮松、落叶松。

形态特征 成虫体长 10~13mm,前翅赤褐色,近翅基有 1 条灰色短横线,内、外横线呈波状,银灰色,两横线间有暗褐色斑,靠近翅前后缘则有浅灰色云状斑,中室端部有一新月形白斑,缘毛淡灰褐色。后翅浅灰色。卵椭圆形,长径0.8mm,初产乳白色，孵化前黑褐色。老熟幼虫体长 15~20mm。体漆黑色或蓝黑色，具明亮光泽。头部红褐色。前胸背板及腹部第 9、10 节背板为黄褐色。体上具较长的原生刚毛。蛹赤褐色，体长 10~14mm，头及腹部末端均较圆钝而光滑，尾端有钩状臀棘 6 根。

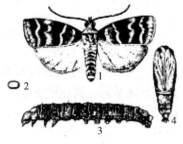

图 36　果梢斑螟
1. 成虫　2. 卵　3. 幼虫　4. 蛹

危害症状　主要危害红松球果和嫩梢，导致红松枝梢枯死，种子减产。

发生规律　1 年发生 1 代，以初龄幼虫在雄花序内越冬，也有少数在被害果、梢内越冬的。5 月中旬开始转移危害球果及嫩梢，5 月下旬至 6 月上旬是转移危害盛期。6 月下旬开始化蛹。6 月底至 7 月初成虫羽化。7 月中旬孵出幼虫，幼虫蛀入雄花序或遭受过虫害而枯死的先年生球果及在当年生枝梢内取食危害，并在其中越冬。

防治方法

（1）加强幼林抚育，科学施肥、浇水，增强树势，减少危害；修枝时留茬要短，切口要平，减少枝干伤口，防止成虫在伤口产卵；利用冬闲时间，组织群众摘除被害干梢、虫果，集中处理，可有效压低虫口密度。

（2）根据成虫趋光性，用黑光灯及高压汞灯诱杀成虫。

（3）保护与利用天敌。

（4）于越冬幼虫转移到雄花序时期，喷洒 80% 敌敌畏乳油或 90% 敌百虫晶体或 50% 辛硫磷乳油 1 000~1 500 倍液。

六、甘蔗二点螟

甘蔗二点螟属鳞翅目螟蛾科。分布于东北平原、内蒙古高原、华北平原、长江中下游平原、四川盆地及台湾山地。危害植物南方为甘蔗，北方为谷子、糜、黍、玉米、高粱、稗、狗尾草等。

形态特征 成虫体长 8.5 ~
10mm，雄体淡黄褐色，额圆形不
向前突，下唇须浅褐色，胸部暗黄
色；前翅浅黄褐色，杂有黑褐色鳞
片，中室顶端及中室里各具 1 小黑
斑，外缘生 7 个小黑点成一列；后
翅灰白色，外缘浅褐色。雌蛾色
浅，前翅无小黑点。卵长 0.8mm，
扁椭圆形，表面生网状纹。初白
色，孵化前灰黑色。末龄幼虫体长
15~23mm，头红褐色或黑褐色，胸
部黄白色，体背具紫褐色纵线 5
条，中线略细。蛹长 12 ~ 14mm，
腹部 5~7 节周围有数条褐色突起，

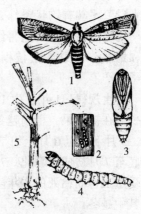

图37 甘蔗二点螟
1. 成虫 2. 卵 3. 蛹 4. 幼虫
5. 危害状

第 7 节后瘦削，末端平。初蛹乳白色，羽化前变成深褐色。

危害症状 以甘蔗为例。苗期幼虫危害甘蔗生长点，致心叶枯死形成枯心苗；萌发期、分蘖初期造成缺株，有效茎数减少；生长中后期幼虫蛀害蔗茎，破坏茎内组织，影响生长且含糖量下降，遇大风蔗株易倒。

发生规律 浙江 1 年发生 3 ~ 4 代，广西 1 年发生 3 ~ 4 代、广东 1 年发生 4~5 代，台湾 1 年发生 5~6 代，海南 1 年发生 6

代，以老熟幼虫或蛹在蔗茎里越冬。南方蔗区终年危害。成虫喜产卵于甘蔗叶背，初孵幼虫潜叶鞘里，进而蛀入蔗株危害。幼虫在甘蔗生长期危害，蛀入蔗茎形成螟害节，蛀茎时幼虫先在节间蛀细小圆形孔，后钻入危害。

防治方法

（1）选用抗虫品种，进行轮作换茬，尤其是稻蔗水旱轮作。

（2）冬、春植甘蔗不宜与秋植蔗田相邻，减少传播蔓延。

（3）砍除枯心苗或多余分蘖。

（4）留宿根蔗田，低斩蔗茎，及时处理蔗头及枯枝残茎，消灭地下部越冬幼虫。

（5）在下种且施足基肥后，撒施5%杀虫双颗粒剂或3%甲基异柳磷颗粒剂或3%克百威颗粒剂或5%丁硫克百威颗粒剂或3%甲基异柳磷·克百威颗粒剂或3%氯唑磷颗粒剂或3%丁硫克百威·敌百虫颗粒剂或5%毒死蜱·辛硫磷颗粒剂等，每亩4~5kg。在卵孵化盛期用90%晶体敌百虫500~800倍液，或25%杀虫双水剂400倍液或98%杀螟丹可溶性粉剂800~1 000倍液，或50%杀螟松乳油500倍液，或25%亚胺硫磷乳油500倍液，喷洒甘蔗茎节。

七、甘蔗白螟

甘蔗白螟属鳞翅目螟蛾科。分布于江苏、浙江、福建、湖北、广东、台湾等蔗区。寄主植物为甘蔗、茅等。

形态特征 成虫雌蛾体长13~15mm，翅展25mm，雄蛾稍小。体纯白色，有光泽，前翅三角形，长且顶角尖，雌蛾腹部末端具鲜艳金黄色尾毛，腹部带有黄色。卵长1.3mm，扁椭圆形，初浅黄色，后变橙黄，卵块椭圆形，覆盖橙黄色绒毛。末龄幼虫体长20~30mm，虫体肥大，乳黄色，具横皱纹，前胸背板浅橙黄色，胸足短小，腹足退化。蛹长 14～18mm，乳黄色，近孵化时银白色，腹末宽略带圆形。

危害症状 初孵幼虫从心叶侵入蔗株，心叶展开时出现横列孔洞，危害成株生长点促成侧芽萌发，形成扫帚状的"扫把蔗"和梢端枯萎。有的蛀害茎节。

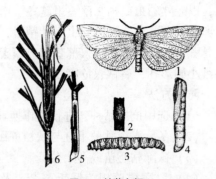

图 38　甘蔗白螟
1. 成虫　2. 卵块　3. 幼虫　4. 蛹　5、6. 危害状

发生规律 广东、台湾 1 年发生 4～5 代，海南 1 年发生 5 代，以老熟幼虫在蔗株梢部的隧道里越冬。广东分别在 4 月上旬、6 月下旬、7 月下旬、9 月上旬和 10 月下旬出现 5 个危害高峰。台湾主要在幼蔗期和秋植蔗的 10～12 月、翌年 3～4 月有 2 个危害高峰。该虫昼伏夜出，有趋光性。多把卵产在蔗苗叶背面，初孵幼虫行动活泼，常吐丝下垂借风飘荡分散。一般每株有 1 头幼虫从尚未展开的心叶基部蛀入，向下蛀害呈直道，心叶展开后呈现带状横列的蛀食孔，幼虫稍长大后危害生长点，这时才出现枯心苗和"扫把蔗"。老熟幼虫化蛹在蔗茎里，羽化时冲破薄茧爬出。一般地势高、长势差的蔗田易受害。

防治方法
参见甘蔗二点螟。

八、甘蔗条螟

甘蔗条螟属鳞翅目螟蛾科。分布于东北、华北、华东、华南等地区。寄主植物为高粱、玉米、甘蔗、粟、麻等。

形态特征　成虫体长 9~17.5mm，下唇须向前伸出；体及前翅灰黄色。翅面有许多黑褐色纵条，顶角特别尖锐，中室有 1 小黑点，外缘有多个小黑点排成 1 列；后翅白色。卵呈块状，双行"人"字形排列，淡黄白色，1 个卵块平均有卵 14 粒，卵粒扁平椭圆。老熟幼虫体长 30mm，黄白色，背面有 4 条紫色纵线；各节有黑色毛瘤，腹节背面中央有排列成正方形暗褐色的大型毛瘤。蛹体长 11~19mm，红褐色，腹部背面第 5~7 节前缘有明显的弯月形小隆起纹，尾节末端有 2 个小突起。

危害症状　初孵幼虫危害甘蔗心叶，受害叶展开后有横列的小孔和一层透明表皮，称为"花叶期"。幼虫在心叶危害 10~14d，3 龄后分散，由叶鞘间隙侵入蔗茎。

发生规律　甘蔗栽培区 1 年发生 4~5 代，以老熟幼虫在叶鞘内侧结茧或在蔗茎内越冬。广东 3 月上中旬第 1 代成虫始见，枯心苗于 4 月中旬至 5 月上旬出现；第 2 代成虫期为 5 月上中旬，枯心苗出现在 5 月下旬至 6 月，第 2 代发生数量大，是主害代，危害率较高。成虫把卵产在蔗叶表面，初孵幼虫喜群集，先危害心叶 10~14d，3 龄后钻入蔗茎。

防治方法

（1）甘蔗收获后于翌年 2 月底以前及时清理残株、枯叶枯苗，沤制堆肥或烧毁。不留宿根蔗田，将蔗头犁起就地烧毁。

（2）在第 1、2 代条螟孵卵盛期前 7d 开始喷洒 90%晶体敌百虫 800 倍液或 50%杀螟松乳油 1 000 倍液或 25%亚胺硫磷乳油 500 倍液或 50%杀螟丹可湿性粉剂 1 000 倍液。

（3）在螟卵增多时释放赤眼蜂，每亩 1 万头左右，隔 7~10d 1 次，连续放 2~3 次。

（4）去除枯心苗。发现枯心苗后及时拔除，再用粗铁丝从喇叭口往蔗苗头部刺几下后灌入 90%晶体敌百虫 800 倍液。

（5）花叶期及时杀死花叶中的幼虫或人工割除枯梢。

（6）每亩用3%克百威颗粒剂3~4kg或3%呋甲粒剂5kg，于播种期或害虫发生前15~20d施在甘蔗基部根际，随即覆土。

第五章　蠹虫类

一、柏肤小蠹

柏肤小蠹属鞘翅目小蠹科。分布于山东、江西、河北、甘肃、江苏、云南、四川、河南、陕西、台湾等省。寄主植物为侧柏、桧柏、柳、杉等。

形态特征　成虫体赤褐色或黑褐色，体长 2.0~3.5mm，长圆形略扁，触角黑褐色，体背密被刻点及细毛，鞘翅上各有 9 条纵线并有栉状齿。卵白色透明，椭圆形。幼虫体乳白色，胸部有许多皱褶，头部黄褐色，体弯曲成"C"字形，老熟幼虫体长 4~5mm。蛹乳白色，体长 3mm，尾端有两尖突。

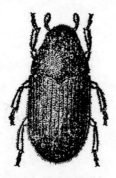

图 39　柏肤小蠹成虫

危害症状　成虫在补充营养时蛀空枝梢，影响树形、树势；在繁殖期危害干、枝，造成枯枝和树木死亡。

发生规律　华北地区 1 年发生 1 代，以成虫在柏树枝梢内越冬。翌年 3~4 月陆续飞出活动，4 月中旬出现初孵幼虫，沿韧皮部咬筑细长弯曲的幼虫坑道；5 月中下旬幼虫老熟，并筑蛹室化蛹；6 月上旬到 7 月中旬成虫陆续羽化，成虫羽化后飞至柏树、栾树、香樟等寄主上蛀咬新梢补充营养，至 10 月中旬进入越冬状态。

防治方法

（1）早晨露水未干前震树捕捉成虫。发现树皮翘起，剥皮捕捉幼虫。

（2）用黑光灯、频振灯和性信息素诱捕器诱杀成虫。

（3）于傍晚或阴天在树干基部喷施 100 亿个孢子/g 白僵菌粉孢防治幼虫。在幼虫危害期或成虫羽化期喷施树干，可选用 0.36%苦参碱水剂 1 000 倍液，或 20%氰戊菊酯乳油 2 000~2 500 倍液，或 2%烟碱乳剂 900~1 500 倍液，或 3%除虫菊素乳油 900~1 500倍液，或 2.5%溴氰菊酯乳油 2 000 倍液。

（4）在幼虫危害期或成虫羽化期喷施树干，可选用 90%敌百虫晶体 1 000 倍液，或 48%乐斯本（毒死蜱）乳油 500 倍液，或 50%久效磷乳油 800 倍液，或 50%马拉硫磷乳油 800 倍液，或 50%辛硫磷乳油 1 000 倍液；在幼虫蛀入木质部时注射钻蛀孔。

二、松纵坑切梢小蠹

松纵坑切梢小蠹属鞘翅目小蠹科。我国南、北方松林分布区均有发生。寄主植物为马尾松、华山松、油松、赤松、樟子松等。

形态特征　成虫体长 3.5~4.7mm，黑褐色或黑色，有光泽，并密布刻点和灰黄色绒毛，前胸背板近梯形，上具清晰刻点和棕色细茸毛，前翅基部具锯齿。前翅上点刻沟由大面清晰的刻点组成，排列整齐，列间部显著宽于刻点沟，上面具有小而尖的瘤起和竖起的绒毛。前翅斜面上，第 2 列间部的瘤起和绒毛消失，光滑稍下凹。卵淡白色，椭圆形。幼虫体长 5~6mm，头黄色，口器褐色；体乳白色，粗而多皱纹，微弯曲。蛹体长约 4.5mm，白色，腹末端有 1 对向两侧伸出的针状突。

危害症状　成虫补充营养时钻蛀松树顶梢，使被害梢头枯黄脱落，幼虫在树干韧皮部内蛀坑道，致使林木死亡。

发生规律　1 年发生 1 代，以成虫越冬。南方在枝梢内越冬，北方大多以成虫在被害树干基部周围土内越冬。在辽宁、山东越冬成虫于翌年 3 月下旬至 4 月中旬出蛰，飞至新梢上补充营养，4 月下旬出现幼虫，幼虫于 5 月下旬至 6 月中旬开始化蛹。5~7 月出现成虫，10 月上中旬开始越冬。

防治方法

（1）加强抚育管理，适时、合理修枝、间伐，伐除的被害木及时运出园外，并进行剥皮处理，减少虫源。

（2）在成虫羽化前或早春设置饵木，以带枝饵木引诱成虫潜入，并经常检查饵木内的小蠹虫的发育情况并及时处理。

（3）利用成虫在树干根际越冬的习性，于早春 3 月下旬，在根际撒辛硫磷等粉剂，然后干基培土，高 4~5cm，杀虫率达

90%以上。在成虫羽化盛期或越冬成虫出蛰盛期，喷施 2.5%溴氰菊酯乳油或 20%速灭杀丁乳油 2 000~3 000 倍液。

三、双齿长蠹

双齿长蠹属鞘翅目长蠹科。分布在甘肃、青海、内蒙古、河北、山东、江苏、浙江、安徽、云南、宁夏等地，寄主植物为国槐、刺槐、合欢、栾树、盐肤木、黑枣、竹、紫荆、紫藤、紫薇、红花羊蹄甲等。

形态特征 成虫体长为 6mm 左右，体黑褐色，柱形。前胸背板发达，似帽状，可盖着头部。鞘翅密布粗刻点，后缘急剧向下倾斜，斜面有 2 个刺状突起。卵椭圆形，白色半透明。老熟幼虫体长为 4mm 左右，乳白色，略弯曲，蛴螬形，足 3 对。蛹初期白色，渐变黄色，离蛹型。

危害症状 成虫与幼虫蛀食树木枝干，危害初期外观没有明显被害状，在秋冬季节大风来时，被害新枝梢从环形蛀道处被风刮断，翌年侧梢丛生，如此反复，树冠易成扫帚状，影响树木的生长和形态；在夏、秋季节，造成幼树干枯死亡、大树枝干枯萎或风折。

发生规律 华北地区 1 年发生 1 代，以成虫在枝干韧皮部越冬。翌年 3 月下旬越冬成虫开始取食危害，5~6 月为幼虫危害期；5 月下旬老熟幼虫开始化蛹，6 月上旬见成虫，10 月下旬至 11 月初，成虫迁移至 1~3cm 粗的新枝条上危害，常从枝杈表皮粗糙处蛀入做横向环形蛀道，然后在蛀道内越冬。

防治方法

（1）加强检疫，严防扩散和蔓延。

（2）清理枯枝和受害树木，压低虫源。成虫出外活动期进行人工捕捉。

（3）分期管理：①3月下旬至4月中下旬、6月下旬至8月上旬成虫外出活动期，喷施20%速灭杀丁3 000倍液或12%烟参碱乳油1 000倍液等。②用20%菊杀乳油800倍液，加木屑拌成糊状，制成毒剂，于4月中下旬至10月上旬堵塞双齿长蠹的蛀孔。

四、华山松大小蠹

华山松大小蠹属鞘翅目蠹科。分布于河南、陕西、四川、湖北等地。寄主植物为华山松，也危害油松。

形态特征　成虫体长4~6mm，长椭圆形，黑色或黑褐色，有光泽。触角及跗节红褐色，额表面粗糙，呈颗粒状，被长而竖起的绒毛。前胸背板黑色，宽大于长。卵椭圆形，乳白色。幼虫体长6mm，头部淡黄色，口器褐色。蛹

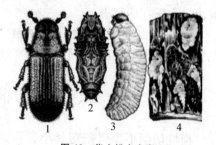

图40　华山松大小蠹
1. 成虫　2. 蛹　3. 幼虫　4. 危害状

长4~6mm，乳白色，腹部各节背面均有一横列小刺毛，末端有1对刺状突起。

危害症状　以幼虫危害。受害树蛀入孔溢出树脂，常将木屑和粪便凝聚成漏斗状，严重者整株枯死。

发生规律　发生的代数因海拔高低而不同，1 700m以下1年发生2代，2 150m以上1年发生1代，在1 700~2 150m间则为2年发生3代。主要以幼虫在树干内越冬，但也有以蛹和成虫越冬的。

防治方法

（1）加强检疫，严禁携虫木材调运。

（2）加强林区管理。合理规划造林地，选择良种壮苗，增强林木的抗虫性；营造混交林；加强抚育管理，保持林内环境卫生，保护林木免遭其他病害和食叶害虫的危害，以提高林木的生长力和抵抗蛀干害虫的能力；冬、春季砍伐并清除虫害木或进行剥皮，集中烧毁；设置饵木，引诱成虫潜入，进行处理。

（3）3~4月设置饵木诱杀（饵木常用衰弱木、梢头木），6~8月将饵木进行剥皮处理，杀死幼虫。

（4）注意保护天敌和利用天敌等。此外用外激素防治大小蠹虫，也正在研究中。

（5）用20%菊杀乳油800倍液，加木屑拌成糊状，制成毒剂，于4月中下旬至10月上旬堵塞蛀孔。

五、横坑切梢小蠹

横坑切梢小蠹属鞘翅目小蠹科。分布在黑龙江、吉林、辽宁、陕西、河南、江西、四川、云南等地。寄主植物为油松、华山松、马尾松、云南松、黑松、唐松、红松。

形态特征　成虫体长4~5mm，黑褐色。鞘翅基缘有缺刻，近小盾片处缺刻中断，与纵坑切梢小蠹极其相似，主要区别是横坑切梢小蠹的鞘翅斜面第2列间部与其他列间部一样不凹陷，上面的颗瘤和竖毛与其他沟间部相同。母坑道为复横坑，由交配室分出左右两条横坑，稍呈弧形。子坑道短而稀，长2~3cm，自母坑道上下方分出，蛹室在边材上或树皮内。

危害症状　成虫、幼虫在皮下钻蛀，形成横沟坑道，造成寄主枯死。

发生规律　1年发生1代，以成虫在嫩枝或土中越冬，常与纵坑切梢小蠹相伴发生，主要危害衰弱木和濒死木，亦可侵害健康树。多在树干中部的树皮内蛀筑虫道，使树木迅速枯死。夏季，刚羽化成虫蛀入健康木或当年生枝梢，补充营养，被害枝梢易被风吹折断。越冬成虫在恢复营养期内也危害嫩梢，严重时被危害的枝梢竟达树枝梢的70%以上。母坑道由交配室分出左右两条横坑，稍呈弧形；在立木上弧形的两端皆朝向下方，在倒伏木上，方向不一。子坑道短而稀，一般长2～3cm，自母坑道上、下方分出。蛹室在边材上或皮内，在边材上的坑道痕迹清晰。

防治方法

（1）营造针阔叶混交林，加强抚育管理，防止火灾或其他病虫害的大发生，清除虫害木和被压木；可采用设置饵木诱杀，设置时间必须在越冬虫出土前完成，饵木集中处理。

（2）保护步行虫、寄生蜂、啄木鸟等天敌。

（3）3月下旬，用敌百虫粉剂及黏虫胶，环根部撒药。施药前将树干基部土壤扒开，露出根皮，将药撒在根皮上，再培土，要比原地面高出4～5cm土堆。杀虫率在90%以上。

六、松六齿小蠹

松六齿小蠹属鞘翅目小蠹科。分布于黑龙江、吉林、辽宁、内蒙古、新疆、陕西、河北、湖南、四川、云南等省区。寄主植物为油松、赤松、红松、樟子松、华山松、马尾松、云杉、落叶松等。

形态特征　成虫体长3～4mm，短圆形，黑褐色，有光泽，体被黄色长绒毛；额中部有2个并列小瘤；前胸背板前半部有鱼鳞状小齿，后半部有刻点；鞘翅黄褐色，末端形成倾斜的凹面，每侧各有3个小齿，第3齿最大。雌虫各齿尖锐，雄虫第3齿扁形，末端分叉。卵长约 1.4mm，宽约 0.9mm，椭圆形，乳白色，一端略透明。幼虫体长 3.8mm 左右，乳白色，头部黄褐色，胸腹部圆柱形，常向腹面弯曲呈马蹄状。蛹体长约 3.9mm，椭圆形，前端钝圆，向后方渐尖削，尾端有 2 个尖突起。初蛹期乳白色，羽化前变为褐色，前胸背板及鞘翅末端褐色。

危害症状　该虫除危害新伐倒木外，还常随松纵坑切梢小蠹侵入活立木进行危害，蛀食树干和粗大枝条的韧皮部。

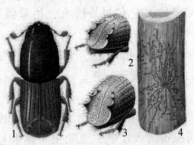

图 41　松六齿小蠹
1. 成虫　2、3. 幼虫　4. 危害状

发生规律　河南省 1 年发生 1 代，以成虫在树皮内越冬。越冬成虫扬飞期及产卵期长，在 5~7 月均能在林间发现。一般 6 月下旬到 8 月下旬均可见到卵、幼虫、蛹各虫态。当年成虫最早羽化在 7 月上旬，最晚 9 月上旬。越冬成虫于翌年 5 月出蛰后，就钻蛀树干危害。危害寄主有 2 个高峰期，分别在 6 月上旬和 7 月中旬。幼虫孵化后在韧皮部与边材间蛀凿子坑道，子坑道同母坑道略垂直，并与母坑道一样充满木屑。幼虫在化蛹前 1~2d 停止取食后进行化蛹。成虫羽化后仍进行活动，于 8 月下旬开始在树上蛀 3~6mm 深度的育孔越冬。

防治方法

（1）保持林地卫生，结合抚育采伐，清除虫害木和风折木。

（2）在卫生条件良好的前提下，在 4 月中旬伐取小径木，设置饵木诱杀，诱得后对饵木剥皮处理。

（3）在越冬代成虫扬飞入侵盛期（5 月末至 7 月初，因地而定）用 80% 敌敌畏乳油或 40% 氧化乐果乳油的 100~200 倍液喷洒活立木枝干，消灭成虫。

（4）用厚的农用薄膜做成与木垛堆大小相应的帐篷，帐篷四周用土压严，以防气体逸出；帐篷内投入溴甲烷 $10～20g/m^3$，密闭熏蒸 $48～72h$。

（5）保护步行虫、寄生蜂、啄木鸟等天敌。

七、松十二齿小蠹

松十二齿小蠹属鞘翅目小蠹科。分布于黑龙江、吉林、辽宁、陕西、四川、云南等省。寄主植物为油松、华山松、云杉、马尾松等。

形态特征 成虫体长 $5.7～7.4mm$，是我国齿小属中最大的 1 种，黑褐色，体圆筒形，褐色至黑褐色，有光泽。体周缘腹面及鞘翅端部被黄色绒毛，额中部有横堤，前胸背板前半部被鱼鳞状小齿，后半部疏布圆形刻点。鞘翅长为前胸背板长的 1.5 倍。翅盘开始于翅长后部 1/3 处，盘底深陷光亮。鞘翅端部斜面两侧各有 6 个齿，其中以第 4 个齿最大，尖端呈纽扣状。卵乳白色，椭圆形，长约 1.2mm。幼虫体长约 6.7mm，圆柱形，体肥大，多皱褶，向腹面弯曲，呈马蹄形。蛹乳白色，长约 7mm。

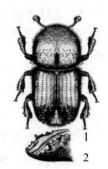

图42 松十二齿小蠹
1. 成虫 2. 腹末

危害症状 钻蛀在树干基部和主干的厚皮部分，侵害健康或半健康地活立木，树势被削弱后，为其他小蠹的寄生创造了条件，加速了树木的枯死。

发生规律 黑龙江省 1 年发生 1 代，在秦巴林区 1 年发生 1～2 代，以成虫在被害木韧皮部内越冬。由于成虫寿命长，各地有不同的物候群存在，生活史不整齐。一般在 5 月中下旬开始活动，并筑坑产卵，幼虫在 7 月中旬发育为成虫，当年可转移到其他地方补充营养。成虫通常不离开原有坑道，就在蛹室附近向木质部内咬筑深 2~3cm 的盲孔，头向内钻入而越冬。

防治方法

（1）营造混交林，加强抚育，增强树势，减少危害。

（2）根据该虫在树干上和根颈地面有蛀粪的侵害特征，应在 5~6 月将虫害木和风折木伐除，伐后进行剥皮处理。

（3）春季用带枝的饵木设置在有光照的地方，引诱成虫前来产卵，在新的成虫飞出之前进行剥皮处理。

（4）保护步行虫、寄生蜂、啄木鸟等天敌。

（5）5 月底至 7 月初，成虫飞翔入侵盛期，用 2.5% 敌杀死药膏 200 倍液或 30% 氯氰菊酯毒膏 500 倍液喷洒活立木枝干，防治成虫。

八、黄须球小蠹

黄须球小蠹属鞘翅目小蠹科。分布于东北地区及河北、河南、山西、陕西、四川等省核桃产区。寄主植物为核桃。

形态特征 成虫体长 2.3~3.3mm，黑褐色，扁圆形；膝状触角，端部膨大，呈纺锤状；头胸交界处有 2 块三角形黄绒斑；鞘翅上有 8 条排列均匀的纵条纹。卵短椭圆形，初产时白色透明，有光泽，后变为乳黄色。幼虫乳白色，老熟幼虫体长约 3.3mm，椭圆形，弯曲，足退化。蛹为裸蛹，初为乳白色，后变为褐色。

危害症状 成虫食害核桃树新梢上的芽，受害严重时整枝或整株芽均被蛀食，造成枝条枯死。成虫和幼虫均可在枝条中蛀食，成虫多在枝条内蛀 1 条长 16~46mm 的纵向隧道，幼虫沿此纵向隧道向两侧蛀食，与成虫隧道呈"非"字形排列。该虫常与核桃小吉丁虫混合发生，严重影响结果和生长发育。

发生规律　1年发生1代，以成虫在顶芽或叶芽基部的蛀孔内越冬。翌年4月上旬开始活动，4月中下旬开始产卵，4月下旬到5月上旬为产卵盛期。6月中下旬到7月上中旬，幼虫先后老熟化蛹，蛹期15~20d，成虫羽化后，1~2d出孔上树危害，1头成虫平均危害3~5个芽后即开始越冬。

防治方法

（1）加强综合管理，增强树势，提高抗虫力。

（2）根据该虫危害后芽体多数不再萌发，甚至全枝枯死的特点，在春季核桃树发芽后，彻底将没有萌发的虫枝或虫芽剪除，以消灭越冬成虫。

（3）越冬成虫产卵前，在树上挂饵枝（可利用上年秋季修剪的枝条）引诱成虫产卵后，集中销毁。

（4）采收后到落叶前，结合修剪，剪除虫枝烧毁，消灭越冬虫卵，当年新成虫羽化前，发现生长不良的有虫枝条，及时剪除，以消灭幼虫或蛹。

（5）越冬成虫和当年成虫活动期可喷洒80%敌敌畏乳剂800倍液，或50%马拉松乳剂1 000倍液，或2.5%溴氰菊酯乳剂4 000倍液，或敌杀死5 000倍液，或50%杀螟松乳油1 000~1 500倍液。

九、瘤胸材小蠹

瘤胸材小蠹属鞘翅目小蠹科。分布于山东、河北、陕西、安徽、浙江、福建、湖南、四川、西藏等地区。寄主植物为山楂、山桃、核桃、柿、女贞、水冬瓜、荆条、木荷、侧柏、杉木、杨等。

形态特征　成虫体长 2～2.5mm，雄虫较雌虫略小，体棕褐色，密被浅黄色茸毛；前胸背板红褐色，鞘翅暗褐至黑褐色，头部被前胸背板遮盖；前胸粗大，长为鞘翅长的 2/3，背视前端呈圆形，后缘似一条直线，背板上布满颗瘤，前半部具短粗毛，后半部毛细弱。小盾片三角形狭长；鞘翅端部微斜截，两侧平行略向外扩张，鞘翅上各具 8 列纵刻点沟；腹部被鞘翅覆盖，可见 5 节腹板；复眼黑色肾形，触角短小，7 节，第 1 节粗大棒状，第 2 节短粗，第 3～6 节细小，第 7 节呈扁椭圆形，密生短毛；足腿节、胫节扁阔。卵乳白色半透明，近球形。幼虫体长 2.2mm 左右，体肥胖略弯，无足，疏生短刚毛，白色，头浅黄，口器淡褐色；胴部乳白色 12 节，胸部粗大，腹部各节向后依次渐细。蛹长约 2mm，近长筒形，乳白至浅黄色。

危害症状　成虫、幼虫在木质部内蛀食，影响树势。

发生规律　生活史不详。成虫行动迟缓，多在老翘皮下蛀入树体，蛀孔圆形，直径约 0.8mm。蛀道不规则，水平横向居多，长短不一，一般十几厘米，长的可达 20cm；蛀道末端为卵室，每室有卵 10 余粒，初孵幼虫活动于卵室内，后在蛀道内爬行，老熟幼虫在蛀道侧蛀成蛹室化蛹。新羽化的成虫出树期和侵入时，常在树干上爬行并在蛀孔处频繁进出，是药剂防治的关键期。

防治方法

（1）清除田间杂草，增施磷钾肥，增强树势以减少发生。

（2）成虫出树期用高浓度触杀剂喷洒树干，成淋洗状态，毒杀成虫效果很好。可用菊酯类如敌杀死、功夫、灭扫利、速灭杀丁、天王星、氯氰菊酯等，或常用有机磷农药如氧化乐果、爱卡士、马拉硫磷等，均用 2 000 倍液，单用、混用或其复配剂有良好效果。

十、山楂长小蠹

山楂长小蠹属鞘翅目长蠹科。国内主要分布于山西等地。寄主植物为山楂、柿等。

形态特征　成虫雌体长 5.5~6mm，宽约 1.8mm，雄虫略小，长柱形，棕褐色，鞘翅后端黑褐色。头宽短；复眼黑色近球形；触角锤状，6 节；前胸长方形，与头等宽；鞘翅近矩形，具 8 条纵刻点列，形成脊沟；前缘和翅端1/3部分具细毛，背视鞘翅末端雌略圆，雄稍内凹。腹部短小，腹板 5 节。卵椭圆形，长径 0.6mm，乳白色。幼虫体长 5~6mm，节间缢缩略弯曲，无足，体肥胖；头淡黄色，口器深褐色；胴部 12 节乳白色，前胸粗大向后渐细，前胸盾浅黄色，前胸腹板较骨化，淡黄色，密生短毛，腹部末端腹面中央具淡黄褐色小瘤突 1 个；气门 9 对。蛹长 5~6mm，长柱形，乳白色至褐色。

危害症状　成虫、幼虫蛀食成龄树的木质部，致隧道纵横交错，严重时深达根部。

发生规律　山西 1 年发生 2 代，以各虫态越冬，但以成虫、幼虫为主。翌年 3 月中旬开始活动，发生期不整齐，成虫出树有 3 个高峰期：4 月底至 5 月初；7 月中旬至 8 月上旬；9 月底至 10 月上旬。以 7 月中旬至 8 月上旬发生数量最多。11 月中旬进入越冬态。

防治方法

（1）清除田间杂草，增施磷钾肥，增强树势以减少发生。

（2）成虫出树期用高浓度触杀剂喷洒树干，成淋洗状态，毒杀成虫效果很好。可用菊酯类如敌杀死、功夫、灭扫利、速灭杀丁、天王星、氯氰菊酯等，或常用有机磷农药如氧化乐果、爱卡士、马拉硫磷等，均用 2 000 倍液，单用、混用或其复配剂有良好效果。对吉丁虫等枝干害虫有兼治作用。

十一、杉肤小蠹

杉肤小蠹属鞘翅目小蠹科。分布于陕西、河南以南的杉区。寄主植物为杉树。

形态特征 成虫体长 3.0~3.8mm，椭圆形，深褐色或深棕褐色，触角红棕色，似膝状，前胸背板密布刻点和细鳞片；鞘翅基缘隆起，表面粗糙，上密布刚毛鳞片。卵椭圆形，表面光滑，乳白色，长径 0.8mm。幼虫略带紫红色，老龄幼虫乳白色，口器深棕色，体长 3.4~4.0mm。蛹为裸蛹，乳白色，长 3.5mm 左右，腹末有 1 对大而尖的刺突，刺突尖端为红棕色。

危害症状 钻蛀林中杉株或伐倒木干部，在皮层形成纵横坑道网，阻滞营养物质和水分的输送，常使杉树分泌白色胶状汁液，严重危害时树皮表面密布白色滴状凝脂，影响杉树侧枝新梢生长。

发生规律 1 年发生 1 代，以成虫在树干下部韧皮部的越冬坑道内越冬，越冬坑道粗面短并多呈"工"字形，洞口常有棕色细木屑堆积。翌年 3 月下旬，当林内平均温度达到 10℃左右时，越冬成虫开始活动并开始补充营养。4 月中旬，当林内平均气温为 20℃左右时，可发现杉肤小蠹的卵，卵期为 12~18d。5 月上旬出现幼虫，幼虫期为 23~25d。6 月上旬出现蛹，蛹期为 8~16d。7 月上旬成虫陆续咬孔而出，飞离被害木，分散越冬。

防治方法

（1）农业防治：①加强杉木林的后期管理，改善林内卫生状况，提高杉木的抗虫能力，对已成熟的杉木林，适时进行合理间伐，增强树势。②禁止在杉木林内及其附近长期堆放伐倒木，并注意及时清除林内采伐残余物。在杉木林内发现受害的零散枯株，及时砍伐并运出林区进行处理，防止扩散蔓延。③每年4~6月上旬，在林间适当放置若干伐倒木作诱饵，诱集成虫产卵，然后分别于5月中旬和7月下旬收回饵木运出林区处理。

（2）生物防治。注意保护利用天敌，还可施用白僵菌等生物药剂。

（3）化学防治。4月中旬卵期，杉树干部喷25%蛾蚜灵可湿性粉剂1 500~2 000倍液，也可取得较好防治效果。

十二、茶材小蠹

茶材小蠹属鞘翅目小蠹科。分布于广西、广东、海南、台湾、四川、云南等省区。寄主植物为荔枝、龙眼、茶、樟、柳、蓖麻、橡胶树、可可等。

形态特征　成虫雌成虫体长2.5mm左右，圆柱形，全体黑褐色；头部延伸呈喙状；复眼肾形；触角膝状，端部膨大如球；前胸背片前缘圆钝，并有不规则的小齿突，后缘近方形平滑；鞘翅舌状，长为前胸背片的1.5倍，翅面有刻点和茸毛，排成纵列。雄成虫体长1.3mm，黄褐色，鞘翅表面粗糙，点刻与茸毛排列不很清晰。卵长椭圆形，长径约0.6mm。初产时乳白色，将孵时淡黄白色。末龄幼虫体长约2.4mm，乳白色。前端较小，后端稍大，体肥壮，有皱纹。胸足退化，腹足仅留痕迹。雌蛹体长约2.5mm，初蛹时乳白色，随后逐渐变化呈淡黄褐色，口器、复眼和翅端颜色较深。

危害症状　成虫、幼虫在长势差的寄主植物上钻蛀危害，多成环状坑道，影响养分运输，使树势削弱，降低产量和品质。其特点是外观为直径2mm的小圆孔，孔口处常有细碎木屑，湿度大时，孔口四周有水渍。受害重的寄主植物成片毁灭。

发生规律　广东1年发生6代，在广西南部1年发生6代以上，世代重叠；主要以成虫在原蛀道内越冬，也有部分幼虫和蛹越冬。翌年2月中下旬气温回升后，越冬成虫外出活动，并钻蛀危害，形成新的蛀道。4月上旬开始产卵。卵产在坑道内，幼虫生活在母坑道中，老熟幼虫在原坑道中化蛹。一般于11月中下旬开始越冬。该虫主要危害老、弱的荔枝、龙眼树，以1~2年生的枝条受害较严重。

防治方法

（1）加强水肥管理，在施足基肥的基础上，每次梢期要合理用肥，以促进新梢生长粗壮，减少小蠹侵害。采果后至冬季，结合果树修剪和冬季清园，剪除虫害枝。对受害严重的果株，实行重施肥、重修剪，以减少虫源，使树体更新复壮。

（2）修剪清园后，及时用药喷洒枝干。于越冬代成虫和第1代成虫羽化出孔活动期喷药在枝干上，以杀死部分成虫。有效药剂：10%氯氰菊酯（安绿宝）乳油+40%水胺硫磷乳油（按1∶1混合）2 000~2 500倍液，或15% 8817乳油2 000倍液+48%乐斯本乳油1 000~1 500倍液，或40%氧化乐果乳油1 000~1 500倍液。

十三、双钩异翅长蠹

双钩异翅长蠹属鞘翅目长蠹科。分布于广东、海南、香港、台湾等地。寄主植物为白格、香须树、合欢、楹树、凤凰木、黄桐、海南苹婆、芒果、翻白叶、柳安、翅果麻、厚皮树、黄檀、青龙木、柚木、榆绿木、洋椿、榄仁树、大沙叶、黄牛木、山荔枝、箣竹、桑、龙竹、嘉榄、榆树、龙脑香属、橄榄属、省藤属、木棉属、琼楠属等。还可危害木材、竹材、藤材及其制品，也可危害人造板及木质建筑材料。

形态特征 成虫体长6~9.2mm，赤褐色；头部黑色，具细粒状突起，头额前端横向隆起，头背中央具1条纵向脊线；上唇甚短，前缘密布金黄色长毛；触角 10 节，柄节粗壮，鞭节 6 节，锤状部 3 节，其长度超过触角全长的 1/2，端节呈椭圆形；卵乳白色，长约 1.2mm，似米粒，前方突尖。幼虫乳白色，体肥胖，体壁多褶皱，12 节。老熟幼虫，长 8.5 ~ 10mm。蛹长 7 ~ 10mm。前蛹期乳白色，可见触角轮廓；后蛹期浅黄色，复眼、上颚黑色。

图 43　双钩异翅长蠹成虫

危害症状　寄主外表虫孔密布，内部蛀道交错，严重的几乎全部蛀成粉状，一触即破，完全丧失使用价值。

发生规律　1 年发生 2~3 代，以老熟幼虫或成虫在寄主内越冬。越冬幼虫于翌年 3 月中下旬化蛹，3 月下旬至 4 月下旬为羽化盛期。第 1 代成虫在 6 月下旬至 7 月上旬出现，第 2 代成虫在 10 月上中旬出现，部分幼虫期延长，以老熟幼虫越冬。其他成虫继续发育，完成第 3 代后以蛹越冬。

防治方法

（1）对寄主植株用斯氏线虫 A24 品系 2 龄感染期幼虫防治。

（2）在疫区，用 5% 硼酚合剂浸泡 40 ~ 160min 处理建筑材料。

（3）对堆放木材用敌敌畏 500 倍稀释液喷雾防治。

（4）对库存木材用溴甲烷或磷化铝熏蒸处理或采用 65~67℃ 温度进行热处理。

十四、日本竹长蠹

日本竹长蠹属鞘翅目长蠹科。国内分布于江西、湖南、江苏、浙江、广东、广西、福建、台湾、四川等地；国外分布于日本、澳大利亚、印度以及热带、亚热带和温带地区等产竹国家。寄主植物为刚竹、毛竹等。

形态特征 成虫体长 3.5~5mm，黑褐色，其上密布许多小刻点及棕黄色刚毛；头部黑褐色，隐于前胸背板之下；触角黄色，11 节，中间 6 节较细，形似串珠，末端 3 节膨大，触角各节上均有稀疏黄色细毛，且触角窝前方各有 1 丛黄色刚毛。卵长 7.8mm，束状，棍棒

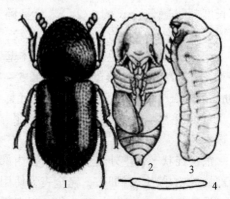

图 44　日本竹长蠹

1. 成虫　2. 蛹　3. 幼虫　4. 卵

形，顶端有 1 根轴丝，初产时乳白色。老熟幼虫体长 4~4.5mm，肥胖，乳白色，头、胸部黄褐色。蛹体长 3.5~4mm，初乳白色，后变为灰褐色。

危害症状 成虫、幼虫均能蛀食竹材及竹器制品。被蛀竹材及竹制品材质呈粉末状。

发生规律 江西 1 年发生 1 代或不完整 2 代，以成虫和少数幼虫在寄主隧道内越冬。翌年 4 月中旬，越冬成虫开始从陈竹材内迁出，转至新砍伐的竹材上蛀孔侵入，直至 5 月下旬，越冬成虫才全部迁出并蛀入新竹材内。5 月上旬雌虫开始在新竹材组织内产卵，5 月中下旬到 6 月上旬为产卵盛期，6 月下旬至 7 月上旬为产卵末期。幼虫 5 月中旬开始孵化，孵化盛期为 5 月下旬至 6 月中旬，直至 8 月中旬仍可见到少数老熟幼虫。7 月上旬始见蛹，蛹盛期为 7 月中旬至 8 月中旬。成虫 7 月上旬开始羽化，7 月下旬至 8 月中旬为羽化盛期。7 月中下旬早羽化的少数成虫，

可以进行交尾产卵，孵化的幼虫在竹材中危害，不能发育到老熟，而以幼虫越冬，在 7 月下旬以后羽化的成虫，不再进行产卵而以成虫越冬。

防治方法

（1）竹材天然干燥时，用 10%氯氢菊酯乳油加水 100~300 倍，或 50%辛硫磷乳油 250 倍液瞬间浸泡或喷涂处理。

（2）成批竹材、竹制品被害时，用溴甲烷 40g/m^3 或硫酸氟 30~50g/m^3，密闭 24h，杀灭木、竹材内部的幼虫和成虫。

（3）窑子法干燥竹材时，加热到 52~60℃可灭虫。

十五、竹长蠹

竹长蠹属鞘翅目长蠹科。国内分布于浙江、江苏、四川、广西、台湾等地。寄主植物为毛竹、淡竹、刚竹。

形态特征 成虫赤褐色或黑色，圆柱形，长约 3mm，前胸背板隆起将头自盖覆，触角 10 节，末端 3 节膨大，鞘翅上有深的刻点。幼虫白色，头部略弯曲，胸部粗大，胸足 3 对，无腹足，老熟幼虫体长约 4mm。蛹为离蛹，白色。

危害症状 成虫、幼虫蛀食已采伐的竹材，在竹材内部蛀成许多坑道，从蛀口排出大量蛀粉。竹建筑物被害常引起倒塌，竹器被蛀，影响使用。

发生规律 1 年发生 3 代。成虫羽化盛期在 2 月、6 月、10 月，以幼虫在被害竹材的蛀道中越冬，但有一部分以成虫或蛹越冬。越冬的成虫于 4 月咬孔飞出，喜蛀入新采伐的竹材内产卵，每只雌虫可产卵 20 粒左右，卵经数天孵化为幼虫，沿竹材纤维上下啮食，排出粉末的排泄物，幼虫老熟后在蛀道的末端作茧化蛹，成虫羽化后咬孔飞出，被害竹内部充满蛀粉，外表则密布虫孔。

防治方法

冬季砍竹，避开该虫发生期，可减少受害；新采伐竹材及时运出林外，可使用水浸泡一段时间后再利用，已受害不堪使用的竹材、竹器及早烧毁；小型竹制品，可加水煮沸，或将煤油注入虫道，杀死其中蠹虫。水槽内放5%五氯酚钠溶液，将竹材埋入溶液中，杀死蠹虫。

第六章　细蛾类

一、梨潜皮蛾

梨潜皮蛾属鳞翅目细蛾科。分布于辽宁、河北、河南、山东、山西、陕西、江苏等省及京津地区。寄主植物为苹果、梨、李、栗、海棠等。

形态特征　成虫体长 4~5mm，翅展 11mm，体银白色，前翅狭长，有 7 条镶黑边的褐色斜带，翅的缘毛较长。卵扁椭圆形。长约 0.5mm，半透明，卵面有网纹。初孵幼虫体扁平，头部三角形，黄褐色；老熟幼虫体长 7~9mm，体近圆柱形，稍扁，头有单眼 3 对，有胸足，无腹足。蛹体长 5~6mm，淡黄色，离蛹；近羽化时出现黑褐色花纹，触角长度趋过腹末端。

危害症状 幼虫潜入枝条表皮下弯曲蛀食，取食绿色皮层。被害处的表皮薄纸状破裂翘起，表皮炸裂。

发生规律 辽宁、河北 1 年发生 1 代，黄河故道、江苏、浙江 1 年发生 2 代，以 3~4 龄幼虫在枝条表皮下虫道内过冬。每年梨树开花时开始活动，继续在表皮下危害，幼虫老熟后在皮下作茧化蛹，6~7 月中旬越冬代成虫羽化。1 代幼虫即在树表皮下串食危害，直到过冬。2 代幼虫 3 月初活动，5 月中旬至 6 月初化蛹，6 月上旬羽化成虫，交尾产卵，6~7 月第 1 代幼虫危害。7~8 月化蛹，8 月下旬羽化 2 代成虫，9~10 月活动危害，11 月开始过冬。

防治方法

（1）加强检疫。从有梨潜皮蛾发生区调运苗木、接穗应严格检查，防止带虫苗木、接穗传入新区。

（2）生物防治。梨潜皮蛾的寄生蜂较多，潜蛾姬小蜂是主要天敌。在施药少的梨区，寄生率可达 40% 以上。

（3）化学防治。①用溴甲烷熏蒸苗木及接穗，用药量 45g/m³，密闭 6h，可 100% 杀死幼虫。②越冬代成虫发生盛期，药剂种类及浓度为 50% 杀螟松乳剂 1 000 倍液或 80% 敌敌畏乳剂 1 500 倍液，防效显著。③50% 对硫磷乳油 2 000 倍液或 90% 敌敌畏 1 000~1 500 倍液喷 1~2 次。④幼虫隧道翘皮期喷 50% 对硫磷乳油杀死幼虫。

二、荔枝蛀蒂虫

荔枝蛀蒂虫属鳞翅目细蛾科。该虫主要分布于广西、广东、福建、台湾等省区。寄主植物为荔枝、龙眼。

形态特征　雌蛾体长 4～5.1mm，雄蛾体长 3.2～3.5mm；头、胸部背面的鳞毛灰白色；触角丝状灰黑色。卵椭圆形，长 0.3～0.4mm，初产时淡黄色，后转橙黄色。卵壳上有多行纵向排列的不规则刻纹或突起。幼虫扁筒形，末龄幼虫体乳白色，体长 6.5～11mm。蛹体长为 6～7mm；初蛹期为淡黄绿色，后逐渐变为黄褐色，近羽化时翅芽呈黑褐色且透见斑纹。

危害症状　以幼虫危害荔枝、龙眼的背后嫩叶主脉和花穗，在幼果膨大期蛀害果核，果实发育后则蛀害果蒂，导致幼叶中脉变褐色、表皮折裂、花穗顶端枯死，影响果实品质和产量。

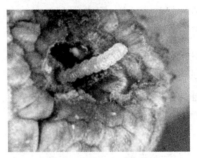

图 45　荔枝蛀蒂虫危害状

发生规律　福州 1 年发生 6～7 代，珠江三角洲 1 年发生 10～11 代，玉林 1 年发生 12 代，多以幼虫在荔枝、龙眼的冬梢和早熟品种的花穗顶端轴内越冬。在广西西南地区终年可发生危害，5～12 月种群数量较多，其中在 5 月中下旬危害夏梢和早熟荔枝果实，5 月底至 6 月上旬危害早中熟荔枝果实，6 月下旬危害夏延秋梢和中晚熟荔枝果实，7 月下旬至 8 月初危害中晚熟龙眼果实，10～11 月对果树的二次秋梢等，危害较重。

防治方法

（1）6～10 月注意保护天敌，即在春梢期、第 2 次生理落果高峰前和采果后，可少用或不要喷药，以利于充分利用果园原有的天敌。

（2）当着卵率达 1% 时用 10% 高效灭百可乳油 5 000 倍液，或 48% 乐斯本乳油 1 500～2 000 倍液，或 30% 双神乳油 1 500～2 000 倍液进行防治。

三、荔枝尖细蛾

荔枝尖细蛾属鳞翅目细蛾科。分布于海南、广东、广西、福建等省区。寄主植物为荔枝、龙眼。

形态特征　成虫翅长 8.3~9mm，翅狭长，前翅灰黑，臀区鳞片黑白相间，翅中部有 5 条白纹构成"W"形纹，翅尖有一深黑色小圆点，前面为橙色区，有 2 条黑色平行斜纹，从后缘伸至前缘，将橙色区分割为二，后翅暗灰色。腹部各节有深褐斜纹。卵椭圆形，乳白色至淡黄色，卵壳上有网状纹。幼虫淡黄色，略扁，胸足 3 对，腹足（含臀足）4 对，臀板指甲形，后缘有刚毛数根。蛹暗色，头顶有一破茧器，触角伸出腹末部分与第 7~10 腹节等长或稍长。

危害症状　幼虫危害嫩梢、叶片、花穗，但不危害果实。幼虫蛀食叶片中脉，呈枯褐色，蛀食叶肉，留下表皮呈枯袋状；蛀食嫩梢、花穗，蛀道明显，有排粪孔，无粪便。

发生规律　在福州 1 年发生 5~6 代，在广州 1 年发生 11 代，世代重叠；以幼虫在冬梢、叶脉、花穗中越冬，无滞育现象。翌年 3 月下旬越冬幼虫结茧化蛹，据 1984 年在广东东莞调查，幼虫发生期，第 1 代 4 月下旬，第 2 代 5 月中下旬，第 3 代 6 月上旬，第 4 代 6 月下旬。荔枝秋梢期完成 1 代约需 20d。

防治方法

参照荔枝蒂蛀虫，秋梢期、花穗期应为防治重点。

第七章　吉丁虫类

一、核桃小吉丁虫

核桃小吉丁虫属鞘翅目吉丁虫科。我国河南、河北、山东、山西、陕西、甘肃、四川、云南等核桃产区发生较普遍。寄主植物为核桃。

形态特征　成虫体长 4~7mm，黑色，有金褐和绿色光泽，触角锯齿状，头、前胸背板及鞘翅上密布小刻点，鞘翅中部两侧向内凹陷。卵长约 1.1mm，椭圆形，扁平状，初产乳白色，后逐渐变为黑色。幼虫体长约 15mm，白色，稍扁平，头黑褐色，大部分缩于第 1 胸节；前胸膨大；背中有一条褐色纵线。蛹为裸蛹，乳白色，羽化前黑色。

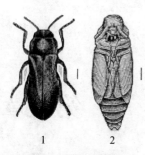

图 46　核桃小吉丁虫
1. 成虫　2. 蛹

危害症状　以幼虫危害 2~3 年生枝条，在枝干皮层中呈螺旋形串圈危害，受害处树皮变黑褐色，并且虫道上隔一段就会有一个月牙形裂口，并有褐色液体流出，待干后呈白色物质附在裂口上。造成枝梢干枯，受害严重的枝条，叶片枯黄早落，翌年春季枝条枯死，幼树生长衰弱。严重影响果树的生长发育。

发生规律　1 年发生 1 代，以老熟幼虫在被害枝干中越冬。5~6 月为化蛹期，7 月为成虫发生盛期和产卵期。6~7 月幼虫孵化，7~8 月为幼虫严重危害期。8 月下旬后，幼虫蛀入木质部，筑蛹室越冬。

防治方法

（1）科学修剪，剪除病残枝及茂密枝，调节通风透光，注意果园排水，保持适当的温湿度，结合修剪，清理果园，将病残物及时烧毁，减少虫源。

（2）保护和利用天敌。

（3）7、8 月危害盛期，发现有幼虫蛀入，在其虫道内涂抹 5~10 倍氧化乐果或敌敌畏 10 倍液。

二、六星吉丁虫

六星吉丁虫属鞘翅目吉丁虫科。分布于辽宁、山东、河北、黑龙江、吉林、宁夏、陕西、江苏、湖南、甘肃、上海、河南、福建等地。寄主植物为梅花、木槿、樱花、桃、五角枫、柑橘、苹果、枣、梨、核桃、栗、樱桃等。

形态特征 体长 10～13mm，墨绿色，有紫黑色光泽。头部带青蓝色，头顶中央有细的纵隆脊线。前胸有细的横皱纹，鞘翅有纵脊线。每一翅面上有排列成一行的 3 个白色圆形凹斑。卵椭圆形，乳白色，外附绿褐色粉状物。老熟幼虫体长 16～26mm，体扁平。前胸背板横椭圆形，后方有叉状纵沟。蛹乳白色，体形大小似成虫。

图 47　六星吉丁虫

危害症状 幼虫蛀食寄主的枝干皮层、韧皮部和木质部，皮下有个规则虫道，可削弱树势，造成整株死亡；成虫取食树皮和叶片。

发生规律 1 年发生 1 代，以幼虫越冬。翌年春季 4 月下旬化蛹，5～6 月羽化。幼虫蛀食植株皮层，后蛀入木质部，蛀孔道不规则。成虫也可食害枝条基部。10 月中下旬幼虫在寄主枝条中越冬。

防治方法

（1）成虫羽化前期及时修剪虫枝和枯枝，集中烧毁，以消灭其中越冬幼虫。冬、春季节，可将伤口处的老皮刮去，再用刀将皮层下的幼虫挖除。

（2）成虫羽化盛期，可选喷5%吡虫啉乳油1 500倍液，或25%喹硫磷乳油750~800倍液。在幼虫危害期，可在被害处涂刷80%敌敌畏乳油或40%氧化乐果乳油20~30倍液。

三、苹果小吉丁虫

苹果小吉丁虫属鞘翅目吉丁虫科。分布于黑龙江、吉林、辽宁、山东、山西、河北、河南、陕西、甘肃、宁夏等省区。寄主植物为苹果、沙果、海棠、红果、香果等。

形态特征 成虫体长5.5~11.0mm，暗紫铜色，有金属光泽；头短宽，触角11节，锯齿状；前胸背板横长方形，略宽于头部；鞘翅狭长，基部明显凹陷，后端尖削，边缘色泽较深，在近端部合拢处有2个不太明显的淡黄色茸毛斑。卵长约1mm，椭圆形，初乳白色，渐变黄褐色。老熟幼虫体长15~

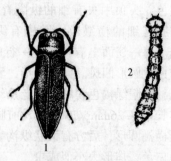

图48 苹果小吉丁虫
1. 成虫 2. 幼虫

22mm，扁平；头部和尾夹褐色，其他部位乳白色至黄白色。蛹体长6~10mm，纺锤形，黄白色，羽化前变黑褐色。

危害症状 幼虫在枝干皮层内蛀食，造成树木枯死、凹陷、变黑褐色，虫疤呈褐色黏液渗出，俗称"冒红油"。该虫随同苗木传播，危害性大。

发生规律 北方1年发生1代，以幼虫在皮层下越冬。翌年3月下旬开始取食，5月下旬至6月下旬幼虫陆续老熟化蛹。成虫于6月下旬至8月上旬出现。

防治方法

（1）加强检疫，防止传播。

（2）利用成虫的假死性进行人工捕捉；冬季刮除伤口老皮，然后涂 5 波美度石硫合剂。

（3）幼虫在浅层危害时，用毛刷刷擦后涂 80%敌敌畏乳油 10 倍液或 80%敌敌畏乳油用煤油稀释 20 倍液。

（4）成虫羽化盛期在树上喷洒 20%杀灭菊酯乳油 2 000 倍液或 90%敌百虫 1 500 倍液等。

四、金缘吉丁虫

金缘吉丁虫属鞘翅目吉丁虫科。主要分布于长江流域、黄河故道的河南、山西、河北、陕西、甘肃等地。寄主植物为苹果、梨、山楂、沙果、花红等。

形态特征 成虫体长13~17mm，体纺锤形略扁，密布刻点，翠绿色，有金黄色光泽。前胸背板和鞘翅两侧缘有金红色纵纹。卵扁椭圆形，长 2mm，初乳白，后变黄褐色。幼虫体长 30~36mm，扁平淡黄白色，无足；头小，黄褐色，大部缩在前胸内，

图49　金缘吉丁虫危害状

口器黑褐色。蛹长 15~20mm，纺锤形略扁平，初乳白，渐变黄，羽化前与成虫相似。

危害症状 被害枝干表皮下有弯曲扁平的虫道，虫道内充满虫粪，边缘整齐。受害部位皮层组织松软湿润，表面变黑，似腐烂病斑，后期纵裂。如枝干皮层被咬食一圈，其上部很快枯死。

发生规律 江西1年发生1代，湖北、江苏1~2年发生1代，华北2年发生1代，均以各龄幼虫于蛀道内越冬，故发生期不整齐。3月下旬开始化蛹，成虫发生期为5~8月。6月上旬为孵化盛期，初孵幼虫先在绿皮层蛀食，逐渐深入至形成层，8月以后可蛀到木质部，秋后于蛀道内越冬。

防治方法

（1）成虫发生期清晨震落、捕杀成虫，成虫羽化前及时清除死树、枯枝，消灭其内虫体，减少虫源。

（2）果树休眠期刮除翘皮，除皮可消灭部分越冬幼虫。

（3）成虫羽化初期在枝干上涂刷80%敌敌畏或40%氧化乐果乳油或马拉硫磷乳油200倍液，15d涂1次，连涂2~3次。

（4）成虫产卵前在树上喷洒25%辛硫磷微胶囊剂700倍液或50%辛硫磷乳油1 000倍液或50%马拉硫磷乳油1 500倍液。

（5）幼虫危害处易于识别，可用80%敌敌畏乳油或25%爱卡士乳油8倍液涂抹被害部表皮，毒杀幼虫。

五、杨十斑吉丁虫

杨十斑吉丁虫属鞘翅目吉丁虫科。分布于新疆、宁夏、甘肃、内蒙古等地。寄主植物为杨、柳等。

形态特征 成虫体长8~23mm，黄褐色或紫褐色，具金属光泽。雄虫体瘦小，雌虫肥大。触角锯齿状，11节。前胸背板紫褐色，具古铜光泽，有均匀的小刻点。鞘翅黄褐或褐色，每翅鞘上有明显的纵线4条及黄色斑点5个。卵长约1.5mm，卵圆形，初为淡黄色，后变为灰色。幼虫体长17~27mm，淡黄色，头黄色，扁平状，口器黑褐色，前胸膨大扁平，中、后胸窄细，前胸背板黄褐色，中央有1个倒"V"形沟纹，腹部12节，念珠状，无足。蛹为裸蛹，长11~19mm，淡黄色，进化时颜色加深，头向下垂，触角向后，胸足 3 对，翅芽 2 对，腹部可见 9 节，气孔 6 对。

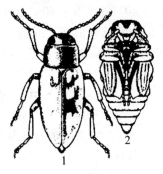

危害症状　该虫多在近地面 25cm 处危害，成虫取食嫩叶危害；以幼虫取食枝干，初龄幼虫在韧皮部及木质部间危害，老熟幼虫进入木质部内危害，被害处树皮留有小粪粒和少量褐色胶液，树皮变为暗褐色或黑色，皮下形成不规则扁平虫道，并充塞黑褐色粪屑，受害幼龄树长势衰弱，严重时整株干枯死亡，死亡株直立，浇水后有倒伏的现象。

图50　杨十斑吉丁虫

1. 成虫　2. 蛹

发生规律　1 年发生 1 代，以老熟幼虫在被害树木或坑道内越冬。靠苗木调动做远距离的传播。翌年 4 月中旬老熟幼虫在蛹室内化蛹，5 月中下旬羽化为成虫，6 月初为产卵盛期，6 月中旬为孵化盛期。8 月中旬后幼虫进入木质部危害；9～10 月在越冬前部分继续向木质部内蛀食，大多形成"L"形虫道；部分又向外蛀食韧皮部，10 月中下旬开始越冬。

防治方法

（1）加强苗木、种条的检疫工作，发现有受害木时，需做剥皮、火烤或熏蒸处理，以防止害虫的传播和蔓延。

（2）新植林进行树干涂白，防止产卵。

（3）利用成虫的假死性、喜光性在成虫盛发期进行人工捕杀。

（4）保护、利用天敌，有猎蝽、啮小蜂及啄木鸟等；斑啄木鸟是消灭杨十斑吉丁虫最有效的天敌。

（5）幼虫孵化期，在表皮变色处涂刷煤油溴氰菊酯 1:1 混合液或 40%氧化乐果 40～100 倍液，以 1：100 倍的氧化乐果与敌敌畏混合液进行根灌。成虫期喷洒 80%敌敌畏 800～1 000 倍液或50%马拉硫磷 2 000 倍液或 20%菊杀乳油等杀虫剂。

六、合欢吉丁虫

合欢吉丁虫属鞘翅目吉丁虫科。分布于华北、华东地区。寄主植物为合欢、栾等。

形态特征　成虫体长 3.8～
5.1mm，紫铜色，略带金属光泽；
鞘翅无色斑；触角黑色锯齿状，
11 节，略短于头胸部；前胸背部
密布小纹突，后缘呈"V"形，
小盾片钻石状；鞘翅密布小突点。
卵椭圆形，黄白色，长 1.3～
1.5mm，略扁。老熟幼虫体长 8～
11mm，扁平，由乳白色渐变成黄

图 51　合欢吉丁虫幼虫危害状

白色。裸蛹，长 4.2～5.5mm，宽 1.6～1.9mm，初乳白色，后变成紫铜绿色，略有金属光泽。

危害症状　以幼虫危害合欢树的枝干皮层，主干上虫口最多，合欢受害后流脂、流胶，树皮初始发红流胶，后期变黑流胶，树皮褶皱、腐烂或翘起、开裂，轻时造成树叶发黄，树势衰弱，严重时可使整株死亡。

发生规律　北京、郑州 1 年发生 1 代，以幼虫在干内越冬。翌年 5 月下旬老熟幼虫在隧道内化蛹。6 月上旬成虫羽化，产卵于干、枝上，每处 1 粒，幼虫孵化潜入树皮危害至 11 月初越冬。

防治方法

（1）加强苗木检疫，发现幼虫立即喷药杀灭，方可调运。

（2）进行人工捕捉。保护释放天敌梣小吉丁矛茧蜂。

（3）幼虫危害期或成虫羽化期喷洒90%敌百虫晶体或48%毒死蜱乳油或25%灭幼脲3号悬浮剂500倍液，也可刮除被害处后涂抹煤油溴氰菊酯1:1混合液，杀灭树皮内的幼虫。

（4）在成虫羽化盛期用40%氧化乐果乳油或50%久效磷乳油30倍液涂抹树干，以树干充分湿润、药剂不往下流为度，涂药后用40cm宽的塑料薄膜从下往上绕树干密封，在涂药包扎后第15天，拆除塑料薄膜。

七、梨绿吉丁虫

梨绿吉丁虫属鞘翅目吉丁虫科。辽宁、河北、山东、青海和山西均有分布。寄主植物为苹果、梨、拱沙果、桃、杏、山楂等。

形态特征 成虫体长10~15mm，略呈纺锤形，密布刻点，翠绿色带蓝色闪光。触角锯齿状，11节，黑褐色；前胸背板上具"小"字形黑蓝色斑纹。鞘翅上布有黑蓝色短纵斑，略呈5纵列；并有纵刻点列9~10条。卵扁椭圆形，长2mm，初乳白，后变灰白色，微黄。幼虫体长15~20mm，扁平，乳白至淡黄白色。蛹长13~15.5mm，略扁平，初乳白渐变黄，最后变蓝绿色，略有光泽。

危害症状 幼虫于枝干皮层内、韧皮部与木质部间蛀食，被害处外表常变褐色至黑色，后期常纵裂，削弱树势，重者枯死，树皮粗糙者被害处外表症状不明显。

发生规律 河北1年发生1代，山西2年发生1代，以幼虫于蛀道内越冬。成虫羽化期为5~7月上旬。卵多散产在皮缝中。以阳面和日灼病疤附近落卵较多，光滑处不产卵。幼虫孵化后由卵壳下直接蛀入，于皮下蛀食逐渐蛀入形成层和木质部，蛀道较金缘吉丁虫的短且宽。至秋末，少数老熟幼虫蛀入木质部，筑船底形蛹室越冬，未老熟者便于蛀道内越冬。1 年 1 代者翌年春化蛹羽化，2 年 1 代者翌年幼虫继续危害，第 3 年春化蛹羽化。

防治办法

（1）成虫发生期清晨震落捕杀成虫。

（2）成虫羽化前及时清除死树、枯枝，消灭其内虫体，减少虫源。

（3）果树休眠期刮除翘皮，特别是主干、主枝的除皮可消灭部分越冬幼虫。

（4）成虫羽化初期枝干上涂刷 80％敌敌畏或 40％氧化乐果乳油或马拉硫磷乳油或菊酯类药剂 200～300 倍液，触杀成虫效果良好，隔 15d 涂 1 次，连涂 2～3 次即可。

（5）成虫出树后产卵前树上喷洒 25％辛硫磷微胶囊剂 700～800 倍液或 50％辛硫磷乳油 1 000 倍液，或 50％马拉硫磷乳油或 80％敌敌畏乳油 1 500 倍液，或 20％速灭杀丁乳油 2 000 倍液，毒杀成虫效果良好，隔 15d 喷 1 次，喷 2～3 次即可。

（6）幼虫危害处易于识别的，可用药剂涂抹被害部表皮，毒杀幼虫效果很好。可用 80％敌敌畏 20 倍煤油液或 80％敌敌畏乳油 5～10 倍液或 25％爱卡士乳油 8～12 倍液。

八、梨小吉丁虫

梨小吉丁虫属鞘翅目吉丁虫科。分布于湖南湘乡，湖北枣阳，陕西的陇县、凤县及洛南，甘肃天水。寄主植物为梨、枇杷、山楂、苹果、锣木等。

形态特征　成虫体长 6～11mm，雄虫稍小。体暗紫黑色，具金属光泽。复眼黑褐色，触角 11 节，鞘翅上生有很多小刻点和"W"形 3 列花纹。卵长 1mm 左右，扁椭圆形，乳白色。末龄幼虫体长 20~30mm，头小，口器褐色；前胸宽大，背腹两面盾状，盾板浅褐色圆形，背面中央生"人"字形沟纹 1 条，腹面中央具1 条纵沟纹；中后胸小；腹部分节芷著，每腹节前缘小于后缘，尾节棕褐色，具 1 对暗褐色尾侠。蛹长 11mm，乳白色，至暗紫色。

危害症状　以幼虫蛀食梨树枝干皮层，致树皮松软润湿，有时溢出白色泡沫，干燥后形成坏死斑，严重时枝干或全树枯死。

发生规律　1 年发生 1 代，以老熟幼虫在木质部里越冬。安徽翌年 4 月底开始化蛹，5 月上旬为化蛹盛期，5 月中旬出现成虫，5 月下旬为羽化盛期。成虫有假死性，出孔后食害树叶。产卵前期 10d 左右，5 月底开始产卵，6 月中旬为产卵盛期。卵多产在皮缝处，每处产 2~3 粒，每个雌虫产卵 20~40 粒。成虫寿命约 1 个月，卵期 8~10d。初孵幼虫仅在蛀入处皮层下危害，以后多在形成层处钻横向弯曲隧道，9 月以后长大幼虫逐渐转入木质部蛀食、越冬。湖南于翌年 3 月上旬开始蛀入木质部化蛹，5 月上旬成虫开始羽化，6 月上中旬进入盛期。陕西则稍迟。

防治办法

（1）加强检疫，防止疫区扩大，发现带虫苗木、接穗要进行熏蒸灭虫。方法：25~26℃，每立方米用氟化钠 16g，密闭60min 即可熏死。

（2）成虫羽化出洞初期和盛期，喷洒 80%敌敌畏或 52.25%农地乐乳油 1 500 倍液，或 50%氟虫腈（锐劲特）悬浮剂 800倍液。

（3）幼虫期涂药：用 500g 煤油加 25g 80%敌敌畏乳油对成20∶1 的药液，用刷涂抹，对杀灭皮层里幼虫有效。

园林植物枝干害虫防治技术

九、柑橘爆皮虫

柑橘爆皮虫属鞘翅目吉丁虫科。国内分布于浙江、江西、福建、广西、广东、台湾、湖北等地。寄主为柑橘、橙等柑橘类植物。

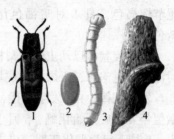

图 52　柑橘爆皮虫
1. 成虫　2. 卵　3. 幼虫　4. 危害状

形态特征　成虫体长 6.5～9.1mm，古铜色，具金属光泽，复眼黑色。触角 11 节，前胸背板密布指纹状皱纹。鞘翅狭长，有灰、黄、白色的短毛密集成不规则的波状纹，足末端呈"V"形，紫铜色，密布细小刻点，上有金黄色花斑翅，端部有细小齿状突起。腹部 6 节，上有小刻点和细绒毛。卵长 0.7～0.9mm，椭圆形，扁平，初乳白色，后变为土黄色至褐色。老熟幼虫体长 16～21mm，体扁平细长，乳白色或淡黄色，表皮多皱褶；头甚小，褐色，陷入前胸，前胸特别膨大，背面呈扁圆形，其背、腹面中央有 1 条褐色纵沟，沟末分叉；腹末有 1 对黑褐色钳状突。蛹纺锤形，长 9～12mm，初期为乳白色，有光泽。

为害症状　主要危害柑橘类作物。幼虫蛀害主干或大枝，在皮下形成许多虫道，被害处树皮常整片爆裂，使得整株或大枝枯死。

发生规律　浙江 1 年发生 1 代，以各龄幼虫在树干皮层下（低龄）或木质部（老熟幼虫）内越冬。翌年 3 月下旬开始化蛹，4 月下旬为化蛹盛期，成虫有假死性，5 月上旬为第一批成虫羽化盛期，5 月中旬成虫开始咬穿木质部和树皮做"D"形羽化孔出洞，5 月下旬为出洞盛期，并开始产卵，6 月中下旬为产

114

卵盛期，6月中旬卵开始孵化，7月上中旬为孵化盛期，后期出洞的成虫分别在7月上旬和8月下旬。

防治方法

（1）成虫活动前彻底清除枯死树。集中处理，消灭虫源。可用稻草绳捆扎危害严重和邻近被害橘树的主干，外涂稀泥，以防止成虫飞出和迁飞来树干上产卵危害。在8月下旬即可解除草绳，分别于3月、6月、9月削除流胶被害的树皮，以消灭卵、幼虫和蛹。

（2）刮除被害部翘皮后，用40%氧化乐果或25%亚胺硫磷或80%敌敌畏乳油3~5倍液，涂抹被害部位，杀死虫、卵。也可用乐果、亚胺硫磷等5倍液涂抹全树干和主枝，以毒死出洞成虫和防止外来的成虫产卵。

十、沙柳窄吉丁虫

沙柳窄吉丁虫属鞘翅目吉丁虫科。陕西、内蒙古、宁夏均有分布。寄主植物为沙柳。

形态特征 成虫体长5.9~7.2mm，铜绿色，有金属光泽，呈楔形。触角锯齿状，11节。鞘翅狭长，具铜绿色光泽。卵黄白色，长椭圆形，长0.8~1.0mm，孵化前灰白色。老熟幼虫淡黄色，体长9.7~11.8mm，前胸扁平膨大，中后胸较狭，体呈大头针状；头小，多缩入前胸，外部仅见口器，褐色；腹部末节有1对褐色尾刺。蛹长5.7~7.1mm，初为淡黄色，后色渐深，羽化前为铜绿色。

危害症状 幼虫老熟后即钻入木质部髓心，筑一弯曲呈镰刀状的蛹室化蛹。

发生规律 该虫在陕北定边地区1年发生1代，以老熟幼虫在枝干韧皮部越冬。翌年4月开始活动，6月中旬在枝干髓心化蛹，成虫于 7 月中旬开始羽化，下旬达盛期，8 月中旬为羽化末期。卵期 50~60d，9 月下旬为孵化盛期。10 月上旬初孵幼虫进入皮层，10 月底幼虫在韧皮部与形成层之间越冬。

防治方法

（1）及时清除虫害木或剪除被害枝条，歼灭虫源，在沙柳窄吉丁严重危害林区，于 11 月下旬进行低平茬。

（2）成虫盛发期，进行人工捕杀。

（3）成虫盛发期，用 90% 敌百虫晶体或 50% 杀螟松乳油 1 000 倍液，或 40% 氧化乐果乳油 800 倍液喷射有虫枝干，连续 2 次，效果良好。在幼虫孵化初期，用 50% 内吸磷乳油与柴油的混合液（1:40），或 40% 氧化乐果乳油的 100 倍液涂抹危害处，每 10d 涂抹 1 次，连续 3 次，效果良好。

（4）6 月至 8 月上旬当幼虫在皮下及木质部边材危害时，采用逐行逐株或逐行隔株在树干上释放管氏肿腿蜂，放蜂量与虫斑数之比为 1:2，治虫效果良好。

十一、大叶黄杨窄吉丁虫

大叶黄杨窄吉丁虫属鞘翅目吉丁虫科。寄主植物为大叶黄杨。

形态特征　成虫体长 5~7mm，结构紧密，头胸部黑褐色，鞘翅古铜色，后中部有 1 条较宽的斜形黑斑。雌雄头顶有别，雄虫头顶呈蓝色，雌虫褐色。卵白色，球形，直径 1mm。老熟幼虫体长 10~13mm，体扁平，乳白色；前胸宽大而扁平。胸部无足，中胸气门较腹部气门大，成新月形；头胸背板有条褐纹，其腹节末端有褐色小尾夹一对。蛹纺锤形，初蛹乳白色，羽化前为黑色，长 6~8mm。

危害症状　该虫以幼虫蛀食大叶黄杨茎秆，幼虫孵化后在茎秆皮下以螺旋式向上蛀食，粪便不排出，呈褐色，造成整块地植株发生萎蔫、枯死。

发生规律　1年发生1代，以幼虫越冬。越冬幼虫翌年2月下旬至4月活动，5月化蛹，6月羽化为成虫。在大叶黄杨上很少能见到成虫。成虫早晚停息在周围其他植物的枝叶背面，有假死性，略有趋光性。6月底是成虫活动高峰期，每日在中午时为成虫当日活动的高峰时间，取食嫩叶、交尾。成虫羽化先雌后雄。幼虫7月出现，8月初已有个别幼虫蛀入木质部的巢穴内，身体呈折叠姿态越冬。卵产在6月下旬前后，在茎秆皮裂缝处产卵，6月下旬、7月上旬孵化。幼虫孵化后在茎秆皮下以螺旋式向上蛀食。7月下旬茎秆内有3~5条幼虫在被害皮下，其植株表现为叶色变淡、萎蔫，严重时植株枯死。翌年5月上中旬幼虫开始化蛹，约经8d变成初蛹，13d后羽化成虫。

防治方法

（1）加强管理，在冬季清除枯死或被幼虫蛀食后成严重萎蔫状态的植株，水泡、深埋或用火烧毁。

（2）根据成虫白天活动的特点，在6月中下旬抓住时机，对植株周围树木花草喷洒乐果或敌杀死等杀虫剂以消灭成虫。

（3）挖幼虫。幼虫初进入木质部时，可用刀削去树皮，挖出小幼虫。

（4）对虫孔注射杀虫剂，并用稀泥封口。

（5）对未枯死，初发生萎蔫的植株，在其根部施内吸性杀虫剂。

十二、白蜡窄吉丁虫

白蜡窄吉丁虫属鞘翅目吉丁虫科。分布于黑龙江、吉林、辽宁、山东、内蒙古、河北、天津、台湾等地。寄主为白蜡属植物。

形态特征 成虫体铜绿色，具金属光泽，楔形；头扁平，顶端盾形；复眼古铜色，肾形，占大部分头部；触角锯齿状；前胸横长方形比头部稍宽，与鞘翅基部同宽；鞘翅前缘隆起成横脊，表面密布刻点，尾端圆钝，边缘有小齿突；腹部青铜色。

图 53 白蜡窄吉丁虫幼虫危害状

卵淡黄色或乳白色，孵化前黄褐色，扁圆形，中部宽，中央微凸，边缘有放射状褶皱。幼虫乳白色，体扁平带状；头褐色，缩进前胸。蛹乳白色，触角向后伸至翅基部，腹端数节略向腹面弯曲。

危害症状 白蜡窄吉丁虫以幼虫在树木的韧皮部、形成层和木质部浅层蛀食危害。受害树木第 1 年的典型症状是树势衰败；第 2 年，枝叶稀疏，主干出现裂缝；第 3 年，可在木质部与韧皮部之间看到填满幼虫粪便的"S"形蛀道，且常在主干基部发生萌蘖。

发生规律 天津 1 年发生 1 代，黑龙江 2 年发生 1 代，以幼虫越冬。1 年发生 1 代地区，翌年 4 月幼虫开始化蛹，4 月底或 5 月初成虫羽化出孔，5 月中下旬为出孔盛期，卵产在树皮裂缝处。幼虫孵化后取食木栓层，随后蛀入韧皮与木质部之间取食木质部，蛀成迂回虫道，虫道内填满粉末状粪屑。10 月底幼虫停止取食在虫道末端筑蛹室越冬。

防治方法

（1）加强检疫，及时清除虫害木，歼灭虫源。伐下的虫害木须在 5 月成虫羽化前剥皮或焚毁。

（2）成虫猖獗期，利用成虫喜光，在5月中旬至7月中旬的每天10~16时进行人工捕杀成虫。

（3）成虫猖獗期，用90%敌百虫晶体或50%杀螟松乳油1 000倍液，或40%氧化乐果乳油800倍液喷洒树干。在6月下旬幼虫孵化初期，用50%磷胺乳油50倍液或敌敌畏与煤油1:20的混合液涂抹危害处，杀皮下幼虫。5月上中旬成虫羽化出孔前，用生石灰、硫黄、水1:0.1:4的比例制成涂白剂，对树干2m以下的部位涂白，减少卵的附着量。

（4）6月下旬至8月上旬释放管氏肿腿蜂，灭幼虫效果良好。保护利用当地天敌——鸟类，有效控制白蜡吉丁虫对树木的危害。

十三、茶吉丁虫

茶吉丁虫属鞘翅目吉丁虫科。分布于福建、安徽、江西、湖南等省。寄主植物为茶与油茶。

形态特征 成虫体长8~11mm。头小藏于前胸背板下；复眼暗黄色，复眼间有一凹陷；触角黑色。幼虫体长20mm左右，瘦长扁平，乳白色。幼虫前胸膨大，背板骨化，黄色，中央有1个似"八"字形棕色线纹；腹部各节间缢缩明显，末节后半部骨化，黄色，其端末有1对黑褐色突起；胸足、腹足均退化。

危害症状 茶树枝干及根部钻蛀害虫之一。幼虫盘旋蛀食皮层与韧皮部，并可蛀入木质部，被害处受刺激畸形生长，状如藤蔓缠绕；成虫自叶缘或叶尖咀食叶片，形成缺刻。

发生规律 1年发生1代，以幼虫在被害枝干或根内越冬。在福建，3月下旬开始化蛹，4月下旬开始羽化，5月中旬开始产卵，6月下旬盛孵。成虫具假死性。主要危害4年以上幼年茶树。

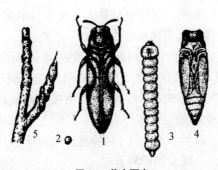

图 54　茶吉丁虫
1. 成虫　2. 卵　3. 幼虫　4. 蛹　5. 危害状

防治方法

在 1~4 月剪除虫枝，5~6 月成虫羽化期间人工捕杀成虫或喷施 80% 敌敌畏或 90% 敌百虫 800 倍液，或 2.5% 溴氰菊酯乳油 1 000 倍液或 2.5% 联苯菊酯乳油 4 000 倍液。

第八章　象甲类

一、杨干象

　　杨干象属鞘翅目象甲科。分布于东北地区及内蒙古、新疆、甘肃、陕西、山西、河北等省。寄主为杨、柳科植物。

　　形态特征　成虫长椭圆形，黑褐色或棕褐色，无光泽；体长7~9.5mm；全体密被灰褐色鳞片，其间散布白色鳞片形成若干不规则的横带；复眼圆形、黑色；触角9节呈膝状，棕褐色；鞘翅于后端的1/3处，向后倾斜，并逐渐缢缩，形成1个三角形斜面。卵椭圆形，长约1.3mm，宽约0.8mm。老熟幼虫体长9~13mm，胴部弯曲呈马蹄形，乳白色，全体疏生黄色短毛。蛹乳白色，长8~9mm。腹部背面散生许多小刺，在前胸背板上有数个突出的刺。腹部末端具1对向内弯曲的褐色几丁质小钩。

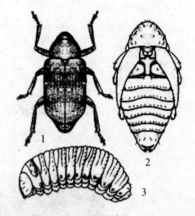

图55　杨干象
1. 成虫　2. 蛹　4. 幼虫

危害症状　幼虫在韧皮部和木质部之间蛀食成圆形坑道，蛀孔处的树皮常裂开呈刀砍状，部分掉落而形成伤疤。

发生规律　郑州1年发生1代，以卵或幼虫在寄主枝干上越冬。翌年4月中旬越冬幼虫开始活动，卵也相继孵化。5月中下旬在坑道末端向上钻入木质部做成蛹室，6月中旬开始羽化。羽化盛期在7月中旬。7月下旬开始交尾产卵，当年孵化的幼虫，将卵室咬破，不取食，在原处越冬，部分后期产下的卵，不孵化，在卵室内越冬。

防治方法

（1）实施产地检疫和调运检疫。

（2）初孵幼虫期是防治的最佳时期。用2.5%溴氰菊酯乳油涂枝干受害部位。对老龄幼虫采用磷化铝颗粒剂或膏剂堵排粪孔防治，剂量0.05g/孔。在成虫期利用成虫震落地下后的假死性进行人工捕杀。还可以在成虫期用25%灭幼脲油剂、15%灭幼脲胶悬剂，或1%抑食肼油剂进行喷雾防治。

（3）发生区调运木材时必须就地剥皮，并用溴甲烷、硫酰氟、磷化铝熏蒸处理。气温4.5℃以上时，溴甲烷用药量为80g/m³，熏蒸时间24h；硫酰氟64~104g/m³，熏蒸时间24h；磷化铝4~9g/m³，熏蒸3d；热处理带虫木材时相对湿度达到60%，木材中心干球温度达到60℃条件下处理10h即可。对携带有越冬幼虫卵的苗木（含插条、接穗）可用 2.5%溴氰菊酯乳油 1 000 ~ 2 500 倍液浸泡 5min。

二、红棕象甲

红棕象甲属鞘翅目象甲科。分布于广东、广西、海南、云南、福建、香港、台湾等地。寄主植物为椰子、油棕、枣椰、糖棕、甘蔗、龙舌兰等。

图 56　红棕象甲成虫

形态特征　成虫体红褐色，体壁坚硬，体长 30 ~ 34mm，头部延长呈管状，咀嚼式口器，口器着生于头管先端；触角膝状，端部数节膨大，着生于头管前部侧端。卵长圆形，头端暗红色。幼虫体肥胖弯曲，无足；老熟幼虫体长 50 ~ 60mm，蛹为离蛹。雄虫头管近端部有褐色鬃毛。

危害症状　以幼虫蛀食茎干内部及生长点取食柔软组织，造成隧道，导致受害组织坏死腐烂，并产生特殊气味，严重时造成茎干中空，遇风易折断。受害株初期表现为树冠周围叶片黄萎，后扩展至中部叶片枯黄。植株受害，轻则树势衰弱；重则整株死亡。

发生规律　海南、福建、广东每年发生 2 ~ 3 代。雌虫每次产卵百粒。幼虫期为 14 ~ 28d，刚羽化的成虫先在蛹内停留 8 ~ 14d 后才会钻出取食，并繁殖下一代。每年 4 ~ 10 月为虫害盛期，幼虫孵出后即从伤口或生长点侵入，成虫具有迁飞性、群居性、假死性，常在晨间或傍晚出来活动。

防治方法

（1）加强植物检疫。

（2）在晨间或傍晚利用其假死性，敲击茎干将其震落捕杀。

（3）涂封孔穴。针对成虫喜欢在植株上的孔穴或伤口产卵的习性，可用沥青涂封或用泥浆涂抹，防止成虫产卵。

（4）清除被害植株。发现严重被害的植株，应立即挖除，避免成虫羽化后外出扩散繁殖。

（5）药物防治。先用长铁钩将堵在受害植株虫孔的粪便或树屑钩出，用乐果或氯氰菊酯 500 倍液进行整株淋灌，让药液浸透到茎干内杀死害虫，每 7d 进行 1 次。或在其叶鞘和心芽处放置 5~8 个用乐果 200 倍液浸泡的海绵药袋，每 15d 重新浸泡后再放。

（6）在 4~10 月的虫害盛期，定期喷药，杀死虫卵。

三、香蕉假茎象甲

香蕉假茎象甲属鞘翅目象甲科。分布于广西、广东、海南、福建、台湾、云南等地。寄主植物为香蕉、粉蕉、芭蕉、美人蕉等。

形态特征　成虫体长 12~14mm，红褐至黑褐色，体光亮有细刻点。头部延伸呈筒状，略向下弯。前胸背板背面有 2 条黑色纵带。足的第 3 跗节扩展如扇形。卵长椭圆形，长 1.5mm，乳白色。老熟时体长约 15mm，黄白色，头红褐色，无足，体肥

图57　香蕉假茎象甲成虫

大弯曲，体背多横纹。蛹长9~17mm。初乳白色，后变黄褐而略带红色。前胸背板前缘、腹背1~6节中间和腹末均有数个疣突。

危害症状　幼虫蛀食香蕉假茎中、上段，常致叶鞘败坏、假茎折断、花轴不能抽出、果穗变小、穗梗折断，受害严重果园被毁。

发生规律　此虫在广西南部每年发生5代，世代重叠。3~6月幼虫发生数量较多，5~6月危害最重。卵期6~15d，幼虫期35~44d，蛹期18~21d。成虫畏光，具假死性，白天群栖在叶鞘内侧或腐烂的叶鞘组织内的孔隙中，每格1~2头。幼虫孵化后先在外层叶鞘取食，渐向植株上部中心钻蛀，造成纵横不定的隧道。老熟后在外层叶鞘内咬碎纤维，并吐胶质将其缀成一个结实的茧，然后居于茧内化蛹。

防治方法

（1）收果后清理残株，搜杀藏于其中的各种虫态。

（2）结合清园，定期剥除假茎外层带卵的叶鞘，并捕捉成虫。

（3）掌握越冬幼龄虫（约11月底）和第1代低龄幼虫高峰期（约4月初）施药毒杀。可用穴（沟）施（3%好年冬粒剂30~60g/株，或5%辛硫磷3~5g/株，或3%呋喃丹5~10g/株）、注射（40.7%乐斯本或50%辛硫磷乳油1 000倍液，于1.5m高假茎偏中髓6cm处注入，150mL药液/株）、淋喷（乐斯本700倍液喷假茎基部或80%敌敌畏乳油800倍液自上端叶柄淋施）、假茎涂或包裹药浆等法施药。

四、一字竹象甲

一字竹象甲属鞘翅目象甲科。分布于我国陕西省以南、长江中下游各省。寄主植物为毛竹、桂竹、红竹、金毛竹、篌竹等。

形态特征　成虫梭形，雌虫体长 17mm，乳白至淡黄色。头管长 6.5mm，黑色、细长，表面光滑。雄虫体长 15mm，赤褐色。头管长 5mm，粗短，有刺状突起。卵长椭圆形，长 3.1mm，初为玉白色，不透明。后渐成乳白色，孵化前卵的一半呈半透明状。初孵幼虫体长 3mm，体柔软透明，乳白色，背线白色。老熟幼虫体长 20mm，米黄色；头赤褐色，口器黑色，体有皱褶。蛹体长 15mm，深黄色，足、翅末端黑色，臀棘硬，有 2 个突起。

危害症状　以幼虫蛀食竹笋，使笋枯死；蛀食嫩竹，使其生长不良，成竹前易折断，或造成顶端小枝丛生及嫩竹纵裂等畸形现象，竹材硬脆，不堪利用。成虫以笋为补充营养，将笋啃成许多小孔，影响笋竹的生长。

发生规律　此虫除蛀食竹笋，还蛀食 1m 多高的嫩竹，使其生长不良，在成竹前易被风

图58　一字竹象甲成虫

吹折成断头竹，即使是成竹，也造成顶端小枝丛生及嫩竹纵裂成沟等畸形现象，结果竹材硬脆，不堪利用。成虫以笋为补充营养，将笋啃成许多小孔，影响笋竹的生长，对下一轮笋的产量有严重的影响。

防治方法

（1）结合竹园抚育，于秋冬季松土捣毁蛹室，改变其越冬环境。

（2）成虫活动期间，用 4~5cm 粗、30cm 左右长的竹段，纵劈成刷把状做成简易护罩套在笋尖上，可起一定保护作用，用后

需摘除，可反复使用。

（3）当竹笋长到 1~2m 时，用 80% 敌敌畏乳油或 50% 杀螟松乳油 1 000 倍液喷液，每 7d 喷 1 次，连喷 2~3 次。或每株注射乙酰甲胺磷原液（1mL/株），杀死补充营养的成虫和取食竹笋的幼虫。

五、竹横锥大象虫

竹横锥大象虫属鞘翅目象甲科。分布于广东、广西、贵州、四川等地。寄主植物为粉单竹、大头竹、青皮竹等。

形态特征　成虫体长 32mm，橙黄色或黑褐色；头半球形，黑色，喙自头部前方伸出，喙长 10~22mm，光滑；触角膝状；前胸背板圆形隆起，前缘有约 1mm 黑色边，后缘中央有 1 个箭头状黑斑；鞘翅黄色或黑褐色，外缘圆，臀角有尖刺 1 个，两翅合并时尖刺相靠成 90°，鞘翅上有 9 条纵沟。卵长椭圆形，初乳白色，有光泽。初孵幼虫体长 5mm，乳白色，取食后体色为乳黄色。老熟幼虫体长为 50mm，头部黄褐色，大颚黑色，体浅黄色。蛹体长，初为橙黄色，渐变为土黄色。

图 59　竹横锥大象虫成虫

危害症状　成虫在笋外啄食补充营养，被害的竹笋长成畸形竹或断头折梢废竹。幼虫在笋内取食，被害笋多数不能成为成品竹。

发生规律　广东 1 年发生 1 代，以成虫于土中越冬。翌年 6 月中旬出土，8 月中下旬为出土盛期，10 月上旬成虫终见。幼虫危害期为 6 月下旬至 10 月中旬。7 月中旬至 10 月下旬化蛹，8~11 月上旬羽化为成虫越冬。成虫有伪死性，受震动后即掉落地面。

防治方法

（1）对竹林劈山松土，破坏越冬土茧，不仅可以减少翌年虫源数，还可以增强植株长势，减少危害；还可于成虫盛发期，利用其伪死性，震落捕捉。

（2）林间发现有虫危害时，可用 40%氧化乐果或废机油涂于竹干或笋壳上，防止上树危害。

六、竹直锥大象虫

竹直锥大象虫属鞘翅目象甲科。分布于浙江、福建、广东、广西、重庆、贵州、云南、湖南、台湾、江西、四川等地。寄主植物为毛竹、青皮竹、粉单竹、甜竹、绿竹、水竹、茶竹、崖州竹、撑篙竹、山竹等。

形态特征　雄成虫体长 20~35mm，雌成虫体长 16~30mm，红褐色，前胸背板上有不规则圆形黑斑；鞘翅外缘不圆，呈截状，臀角位置无突刺。前足腿节、胫节与中足腿节、胫节等长。卵长椭圆形，长 3~4mm，初产时为乳白色，后渐变为乳黄色；卵壳表面无斑纹、光滑。初孵时为乳白色，体长 4mm；老熟时体为淡黄色，体长 40~45mm，头黄褐色，前胸背板具有黄色大型斑块，并有一隐约可见的灰色背线。蛹长 30~40mm，初为乳白色，后渐变为土黄色。

危害症状　幼虫蛀食竹笋，使竹笋内部霉烂而死，造成断头竹、畸形竹以及大量退笋，严重影响竹株正常生长。

发生规律　1 年发生 1 代，以成虫于室中越冬。翌年 5 月越冬成虫开始出土后活动，以 6~7 月为出土盛期。成虫在笋的上部咬1个1~2cm的刻槽，产1粒卵，孵化幼虫蛀入笋内取食，幼虫老熟后于地下6~28cm处做蛹室化蛹。成虫羽化后当年不出土，于室内越冬。

防治方法

（1）冬季松土破坏越冬场所。

（2）成虫有假死性，多集中于竹笋上，在清晨或黄昏时不甚活动，可用人工捕捉。或根据幼虫为害特点人工捕捉幼虫，被害竹笋尖部枯黄，尖叶柔软下垂，可用手指拧一下竹笋端部16~20cm处，如为软的，内部大多有虫，就用利刀自下切开1/4笋壳，取出幼虫。

（2）幼虫发生期，用90%晶体敌百虫或80%敌敌畏乳油300倍液注射竹竿，毒杀幼虫。

七、松象虫

松象虫属鞘翅目象甲科。分布于辽宁、吉林、四川、云南、陕西等地。寄主植物为松类、糠椴、大黄柳、山杨、丁香等。

形态特征　成虫体长7~13mm，身体和鞘翅深褐色。胸背面布满不规则圆形的刻点；触角膝状，有柄，着生于喙的前半部；前胸有由金黄色鳞片构成的圆点4个（背中线两侧各2个）；鞘翅上有近长方形成虚线状纵向排列的刻点和金黄色鳞片组成的"X"形花纹。雄虫腹部背面8节，雌虫腹部背面7节。卵约1.5mm，椭圆形，白色微黄，透明。散产于伐根皮层上或泥土中。老熟时体长10~15mm，弯曲，无足。头部黄褐色，身体白色。裸蛹，长度与成虫相等，除上颚与复眼黑色外，全体白色，身体上布满对称排列的刺。

危害症状　以成虫蛀害树干的韧皮部，轻则使树皮产生块状疤痕，大量流脂；严重时环割树干的韧皮部，形成多头树并可能使其死亡。

发生规律 东北林区2年发生1代，在陕西1年发生1代；以成虫在松树幼树根际的枯枝落叶中，或以老熟幼虫及幼虫在皮层、皮层与边材间，或在边材以内的椭圆形蛹室内越冬。翌年5月中下旬越冬成虫开始活动，6月中旬至7月底将卵产在松树和云杉的新鲜伐根皮层上或泥土中，6月下旬初孵幼虫陆续在伐根的皮层或皮层与边材之间做虫道活动取食；到9月末大部分幼虫老熟并做椭圆形蛹室越冬，少数孵化较晚的幼虫于翌年春季再取食后做蛹室化蛹，蛹期通常2~3周。越冬幼虫7月末开始羽化，羽化成虫多在蛹室中潜伏约半月后才自伐根爬出，寻找幼树取食危害，当年不交尾产卵；于9月底在幼树根际的枯枝落叶中越冬，少数羽化较晚的成虫则在蛹室内越冬。

防治方法

（1）加强苗圃抚育，科学肥水，增强树势，减少危害；秋冬季清除林区地面落叶，发现幼虫枝及时剪除，危害严重的枝干进行剥皮，集中烧毁。

（2）加强监测，发现有虫危害时及时用药防治。可采用手压式喷雾器地面防治，选用药剂为4.5%的氯氰菊酯，每亩施药50g，可达到良好的防治效果。

八、桑树桑象甲

桑树桑象甲属鞘翅目象甲科。分布于华东、华南、华中、西南、台湾各植桑区。寄主植物为桑树。

形态特征 成虫体长4~5mm，体长椭圆形，黑色稍具光泽，头小，喙管向下弯曲，触角肘状，12节；鞘翅黑色，上具纵列刻点10条；后翅灰黄色，膜质半透明。卵长0.36~0.6mm，长椭圆形，乳白色，孵化前变为灰黄色。末龄幼虫体长 5.6～6.6mm，圆柱形，无足，柔软粗肥；初乳白色，老熟后浅黄色，头咖啡色。蛹长 4～4.5mm，纺锤形，腹末具小突起 1 对。

危害症状　初孵幼虫钻入表皮下蛀食形成层，致受害处破裂。成虫在春季啃食冬芽和萌发后的嫩蕊或嫩叶，影响发芽率。夏伐后，啃食截口以下的定芽和新梢，严重时把桑芽吃光，使其不能萌发抽枝；成虫在枝条基部蛀孔产卵，致枝条枯死或折断。

发生规律　1 年发生 1 代，主要以成虫在化蛹洞穴里越冬。翌年 3 月下旬前后气温稳定在 15℃ 以上开始活动，适值桑芽萌发，可大量取食补充营养，5 月中旬开始产卵，6 月上旬进入产卵盛期，6 月中旬进入孵化盛期，7 月中下旬为化蛹盛期，8 月上旬羽化。成虫生活周期长，喜白天活动取食，阴雨天潜入土表或树缝中。该成虫飞翔力差，多在桑树上爬行，有假死性。天敌主要有桑象虫旋小蜂等。

防治方法

（1）修剪时，注意剪除干枯的枝条。该虫发生危害严重地区，应推广齐拳剪伐法，避免留下半枯桩。

（2）夏伐后进入危害桑芽期，伐条后应立即喷洒 40% 水胺硫磷乳油 1 000 倍液，或 50% 杀螟松乳油与 80% 异稻瘟净乳油 1:1 混合液 1 000 倍液，或 25% 爱卡士乳油 1 500 倍液，或 40% 乙酰甲胺磷乳油 1 000 倍液，或 40% 毒死蜱乳油 1 250 倍液。

九、油菜茎象甲

油菜茎象甲属鞘翅目象甲科。分布于我国各油菜产区，西北地区危害重，主要危害油菜及其他十字花科植物。

形态特征　成虫体长 3～3.5mm，灰黑色，密生灰白色绒毛，头延伸的喙状部细长，圆柱形，不短于前胸背板，伸向前足间；

图 60　油菜茎象甲成虫

触角膝状，着生在喙部前中部，触角沟直；前胸背板上具粗刻点，中央具一凹线，前缘稍向上翻，每个鞘翅上各生纵沟 9 条，中胸后侧片大。卵长 0.6mm，椭圆形，乳白色至黄白色。末龄幼虫体长 6~7mm，纺锤形，头大，无足，黄褐色。蛹为裸蛹，长 3.5~4mm，纺锤形，乳白色或略带黄色。土茧椭圆形，表面光滑。

危害症状　在种株花茎的薹秆上进行危害。幼虫在茎内咬食髓部。使茎部肿大崩裂、扭曲变形、折断腐烂和枯死，造成制种产量严重损失，成虫取食叶片，在薹茎部凿孔产卵，使茎部膨大呈畸形。

发生规律　1 年发生 1 代，以成虫在油菜田土缝中越冬。翌春油菜进入抽薹期，雌成虫在油菜茎上，用口器钻蛀一小孔，把卵产入孔中，产卵期 10d 左右，初孵幼虫在茎中向上、下蛀食危害，有时几头或 10~20 头在一起，把茎内蛀食成隧道，茎髓被蛀空以后，遇风易倒折，受害茎肿大或扭曲变形，直至崩裂，严重影响受害株生长、分枝及结荚，提早黄枯，籽粒不能成熟或全株枯死。油菜收获前，幼虫从茎中钻出，落入土中，在深约 3.3cm 处筑土室化蛹，蛹期 20d 左右，后羽化为成虫。成虫有假死性，受惊扰时落地逃跑。油菜收获后，成虫于9~10月再危害一段时间后越冬。

防治方法

（1）收获后及时深翻整地，可以杀死一部分越冬成虫，减少来年虫源基数。根据成虫的假死性，可人工震落捕捉。

（2）北方在3月初，越冬成虫刚出蛰，于产卵前喷2.5%敌百虫粉，每亩1.5~2kg，或90%敌百虫1000倍液，或80%敌敌畏乳剂1500倍液，或50%辛硫磷乳油800~1000倍液，或50%马拉硫磷乳油1000~1500倍液。

十、椰花四星象甲

椰花四星象甲属鞘翅目象甲科。分布于非洲大陆、马达加斯加、印度、日本及东南亚国家。我国台湾、海南产区发生普遍。寄主为棕榈、椰子、可可等棕榈科植物。

形态特征 成虫体小，长5~6mm，黑色，带有黑色光泽。头部延伸成喙，喙和头部的长度约为体长的1/2，前胸前缘小，向后逐渐扩大略成椭圆形，背面有4个红色的大斑点，排成前后两排，前排2个较大，后排2个较小。

图61 椰花四星象甲成虫

翅鞘较腹部短，腹部末端外露。雄成虫身体略小，体长约为5mm，宽约1.3mm，喙短而粗且略弯曲；雌成虫体形大，体长6mm，宽1.6~1.7mm，喙长而细且较直。卵乳白色，长椭圆形，表面光滑，长 0.8mm。老熟幼虫体长 5~6mm，初为乳白色，后变为黄白色。

危害症状　幼虫钻蛀根部、叶柄、花序和果实等部位的基部，造成茎秆、叶柄坏死，花苞枯萎，花序脱落，果蒂干枯腐烂，导致落花落果落叶。在蛀道口处常有流胶现象。严重影响植株生长和观赏。

发生规律　该虫在海南 1 年发生 3~4 代，世代重叠，生活周期为 70~90d。成虫有 2 个明显的活动高峰期，即 3~4 月和 9~10 月。

防治方法

（1）加强产地检疫和现场检疫，一旦发现有该虫危害的植株一律杜绝引进。发现该虫入侵，立即用内吸性较强的杀虫剂喷灌消灭疫情。

（2）避免人为对树体造成伤口，及时清理枯枝、落叶、杂草，减少虫源。

（3）在该虫交尾产卵高峰期，投放用椰子酒浸泡过的甘蔗或椰子嫩茎加酵母片发酵物或将充分成熟的菠萝切片状引诱成虫。

（4）发现该虫有危害的现象，及时喷内吸性杀虫剂，如40%乙酰甲胺磷乳油 500~600 倍液或 40%久效磷乳油 1 000 倍液。

十一、剪枝象鼻虫

剪枝象鼻虫属鞘翅目象甲科。在我国分布很广。寄主植物为板栗、茅栗、栓皮栎、麻栎、辽东栎、蒙古栎等，尤以板栗受害最重。

形态特征　成虫体黑蓝色，具金属光泽，密生银灰色茸毛，并疏生黑色长毛。雌虫体稍长，雄虫体稍短。卵长约 1.3mm，椭圆形，初产乳白色，渐变黄白，近孵化时一端呈现橙色小点。幼虫体 4.5～8.6mm，初孵幼虫乳白色，老熟幼虫黄白色。老熟幼虫头部缩入前胸背板内，缩入部分白色，前端露出部分黄褐色；口器黑褐色；前胸背板宽大发达，具两块不很明显的橙黄色斑块；体多横皱，常呈镰刀状弯曲，胴部每节上横生一排较密的黄白色毛。蛹长 0.7～0.9mm，初化蛹呈乳白色，后变淡黄色，密生细毛，腹部末端有一对深褐色尾刺。

危害症状　成虫专咬嫩果枝，造成幼栗苞大量落地。一般危害轻的减产约 20%，严重的减产 50%～90%。

发生规律　1 年发生 1 代，以老熟幼虫在土中越冬。翌年 5 月上旬开始化蛹，5 月中旬为化蛹盛期。羽化的成虫 5 月下旬开始出土，6 月中旬出土最多，至 7 月中下旬在田间仍可见到少量的成虫。6 月中下旬为产卵盛期，卵于 6 月中下旬开始孵化，7 月上中旬达孵化盛期。幼虫于 8 月开始脱果，9～10 月为脱果盛期。幼虫脱果后入土越冬。

防治方法

（1）成虫咬断的果枝，落地易见，于 6～7 月逐园捡拾、清理 3～4 次。清理后集中烧毁，不可随便处理。

（2）秋冬季节深翻栗园土壤，清除杂草，有利于栗树的生长发育，并使幼虫遭受旱、冻而死，减轻翌年危害。

（3）6 月中旬至 7 月上旬，即成虫羽化盛期，选微风或无风的早晨和傍晚，用磷化铝烟雾剂在栗园点燃放烟，连放 3 次，保果率可达 90% 以上，或在 6 月中下旬，用 25% 亚胺硫磷乳油稀释成 500 倍液，喷洒 2 遍，被害苞减少 15%。或在成虫羽化初期和盛期，先后 2 次用 75% 辛硫磷 1 000 倍液喷洒，效果非常显著。

（4）在成虫期喷洒苏云金杆菌 2 次，效果良好。

十二、沟眶象

沟眶象属鞘翅目象甲科。分布于北京、天津、河北、河南、江苏、陕西、辽宁、甘肃、四川等地。危害臭椿、千头椿等。

形态特征 成虫体长 13.5～18mm，胸部背面，前翅基部及端部首 1/3 处密被白色鳞片，并杂有红黄色鳞片；前翅基部外侧特别向外突出，中部花纹似龟纹，鞘翅上刻点粗；幼虫乳白色，圆形，体长 30mm。

图 62 沟眶象成虫

危害症状 以幼虫蛀食树皮和木质部，严重时造成树势衰弱以致死亡。危害症状是树干或枝上出现灰白色的流胶和排出虫粪木屑。

发生规律 1 年发生 1 代，以幼虫和成虫在根部或树干周围 2～20cm 深的土层中越冬。以幼虫越冬的，翌年 5 月化蛹，7 月为羽化盛期；以成虫在土中越冬的，翌年 4 月下旬开始活动。5 月上中旬为第 1 次成虫盛发期，7 月底至 8 月中旬为第 2 次盛发期。成虫有假死性，产卵前取食嫩梢、叶片补充营养，危害 1 个月左右，便开始产卵，卵期 8d 左右。初孵化幼虫先咬食皮层，稍长大后即钻入木质部危害，老熟后在坑道内化蛹；蛹期 12d 左右。

防治方法

（1）利用成虫多在树干上活动、不喜飞和有假死性的习性，在 5 月上中旬及 7 月底至 8 月中旬捕杀成虫。也可于此时在树干基部撒 25%西维因可湿性粉剂毒杀。

（2）成虫盛发期，在距树干基部 30cm 处缠绕塑料布，使其上边呈伞形下垂，塑料布上涂黄油，阻止成虫上树取食和产卵危害。或树上喷洒 50%辛硫磷乳油 1 000 倍液。

（3）在 5 月底和 8 月下旬幼虫孵化初期，利用幼龄虫咬食皮层的特性，在被害处涂煤油、溴氢菊酯混合液（1∶1），或用 50%辛硫磷乳油 1 000 倍叶灌根进行防治。

十三、臭椿沟眶象

臭椿沟眶象属鞘翅目象甲科。分布于北京、河北、山西、河南、江苏、四川等省（市）及东北地区。寄主植物为臭椿、千头椿等。

形态特征　成虫体长 11.5mm。灰黑色；头部有小刻点，前胸背板及鞘翅上密被粗大刻点；前胸几乎全部、鞘翅肩部及后端部密被雪白鳞片。卵长圆形黄白色。幼虫长 10 ~ 15mm，头部黄褐色，胸、腹部乳白色，每节背面两侧多皱纹。蛹长 10~12mm，黄白色。

图 63　臭椿沟眶象成虫

危害症状　初孵幼虫先危害皮层，被害处薄薄的树皮下面形成一小块凹陷，稍大后钻入木质部内危害。成长中幼虫蛀食根部和根际处，造成树木衰弱以致死亡。

发生规律　1 年发生 2 代，以幼虫或成虫在树干内或土内越冬。翌年 4~5 月幼虫化蛹，6~7 月成虫羽化，7 月为羽化盛期。

幼虫危害盛期为4月中旬至5月中旬。7~8月为当年孵化幼虫危害盛期。虫态重叠严重，至10月都有成虫发生。

防治方法

（1）加强检疫，严禁调入带虫植株，清除严重受害株及时烧毁。

（2）7月喷洒90%敌百虫晶体或75%辛硫磷乳油或80%敌敌畏乳油800倍液，或2.5%溴氰菊酯1 500倍液。

（3）4月中旬，发现树下有虫粪、木屑，干上有虫眼，即用螺丝刀拨开树皮杀灭幼虫。

（4）在幼虫危害处注入80%敌敌畏50倍液或40%久效磷100倍液，并用药液与黏土和泥涂抹于被害处。

十四、柑橘灰象甲

柑橘灰象甲属鞘翅目象甲科。分布于贵州、四川、福建、江西、湖南、广东、浙江、安徽、陕西等地。主要危害柑橘类、桃、李、杏、无花果等。

形态特征　成虫体密被淡褐色和灰白色鳞片；头管粗短，背面漆黑色，中央纵列1条凹沟，从喙端直伸头顶，其两侧各有1条浅沟，伸至复眼前面；前胸长略大于宽，两侧近弧形；背面密布不规则瘤状突

图64　柑橘灰象甲成虫

起，中央纵贯宽大的漆黑色斑纹，纹中央具1条细纵沟，每鞘翅上各有10条由刻点组成的纵行纹，行间具倒伏的短毛；鞘翅中

部横列 1 条灰白色斑纹, 鞘翅基部灰白色。雌成虫鞘翅端部较长, 合成近 "V" 形, 腹部末节腹板近三角形。雄成虫两鞘翅末端钝圆, 合成近 "U" 形, 末节腹板近半圆形; 无后翅。卵长筒形而略扁, 乳白色, 后变为紫灰色。末龄幼虫体乳白色或淡黄色; 头部黄褐色, 头盖缝中间明显凹陷; 背面中间部分略呈心脏形, 有刚毛 3 对, 两侧部分各生 1 根刚毛; 于腹面两侧骨化部分之间, 位于肛门腹方的一块较小, 近圆形, 其后缘有刚毛 4 根。蛹长 7.5~42mm, 淡黄色头管弯向胸前, 上额似大钳状, 前胸背板隆起, 中脚后缘微凹, 背面有 6 对短小毛突腹部背面各节横列 6 对刚毛, 腹末具黑褐色刺 1 对。

危害症状 以成虫危害柑橘的叶片及幼果。老叶受害常造成缺刻; 嫩叶受害严重时被吃得精光; 嫩梢被啃食成凹沟, 严重时萎蔫枯死; 幼果受害呈不整齐的凹陷或留下疤痕, 重者造成落果。

发生规律 1 年发生 1 代, 以成虫在土壤中越冬。翌年 3 月底至 4 月中旬出土, 4 月中旬至 5 月上旬是危害高峰期, 5 月为产卵盛期, 5 月中下旬为卵孵化盛期。

防治方法

(1) 冬季结合施肥, 将树冠下土层深翻 15cm, 破坏土室。

(2) 3 月底至 4 月初成虫出土时, 在地面喷洒 50%辛硫磷乳油 200 倍液, 使土表爬行成虫触杀死亡。

(3) 成虫上树后, 利用其假死性震摇树枝, 使其跌落在树下铺的塑料布上, 然后集中销毁。

(4) 春夏梢抽发期, 成虫上树危害时, 用 2.5%敌杀死乳油 1 500 倍液, 或用 90%万灵可湿性粉剂 3 000~4 000 倍液喷杀。

第九章 蜂 类

一、蔷薇茎蜂

蔷薇茎蜂属膜翅目茎蜂科。分布于华北、华中、西北、西南和华东地区。寄主植物为月季、蔷薇、玫瑰和野蔷薇等。

形态特征 成虫体长 20mm 左右，体黑色，有光泽。翅深茶色，半透明，有紫色闪光，有尾刺。卵黄白色。幼虫体长约

17mm，乳白色，头部浅黄色。蛹棕红色。

危害症状 幼虫蛀食花卉茎梢，造成嫩梢枯萎，影响花卉生长与开花，降低观赏价值和切花生产效益。

发生规律 华北、西北地区1年发生1代，以幼虫在被害茎秆内越冬。翌年4月化蛹，5月出现成虫。成虫产卵在当年生新梢和含苞待放的

图65 蔷薇茎蜂成虫

蕴含梗上，卵期约10d。当幼虫孵化蛀入嫩茎后，即造成嫩梢枯萎、倒折现象。幼虫沿茎髓向下蛀食，将排泄物充塞在茎内不外排。秋季幼虫蛀入枝条地下部分或多年生较粗的枝条里做薄茧越冬。

防治方法

（1）选育抗虫品种。如重瓣丰花月季等。

（2）剪除受害倒折的枝条，要剪至茎髓部无蛀道为止，并集中烧毁剪下的虫枝。

（3）5月幼虫孵化期，喷施灭蛀磷乳油200倍液，或40%氧化乐果乳油1 000倍液，或20%灭扫利乳油400倍液。

（4）在虫蛀孔内注入菊酯类药物1 000倍液，然后用药泥封孔口，均能有效灭杀。或在幼虫危害期，可在盆栽月季盆内埋施呋喃丹或铁灭克颗粒剂。

二、葛氏梨茎蜂

葛氏梨茎蜂属膜翅目茎蜂科。分布于北方，河北、北京、甘肃等地。寄主植物为梨树。

形态特征　成虫体长 8~10mm，触角丝状黑色，头、胸背黑色；翅透明，翅基片、足黄色，腿节红褐色，腹部 1~3 节红色，其余各节均为黑色。

危害症状　成虫产卵锯掉春梢，幼虫于新梢内向下蛀食，致受害部枯死。是危害梨树春梢的重要害虫，影响幼树整形和树冠扩大。

发生规律　河北 1 年发生 1 代，以老熟幼虫在当年受害枝内做茧越冬，翌年 3 月化蛹，4 月羽化，一般于鸭梨盛花后 5d，新梢抽出 5~6cm 时开始在嫩梢上产卵、危害。

防治方法

（1）冬季结合修剪，剪去被害枝，不能剪除的被害枝，可用铁丝戳入被害部位，杀死幼虫或蛹。

（2）利用成虫的群栖性和停息在树冠下部新梢叶背的习性，在早春梨树新梢抽发时，于早晚或阴天捕捉成虫。

（3）在成虫发生高峰期新梢长至 5~6cm 时，喷 90%敌百虫 1 000 倍液或 50%辛硫磷 1 500 倍液。喷药时间在中午前后最好，在 2d 内突击喷完。

（4）剪除被害梢。成虫产卵结束后，及时剪除被害新梢，只要在断口下 3~4cm 处剪除，就能将所产卵全部消灭，此法对树效果很好。

三、梨茎蜂

梨茎蜂属膜翅目茎蜂科。在我国各梨产区均有此虫危害。寄主植物为梨树、苹果、沙果、海棠等。

形态特征　成虫体长 9~10mm，细长、黑色；前胸、后缘两侧、翅基、后胸后部和足均为黄色；翅淡黄、半透明。雌虫腹部内有锯状产卵器。卵长约 1mm，椭圆形，稍弯曲，乳白色、半透明。幼虫长约10mm，初孵化时白色渐变淡黄色。头黄褐色，尾部上翘，形似"一"字。蛹全体白色，离蛹，羽化前变黑色，复眼红色。

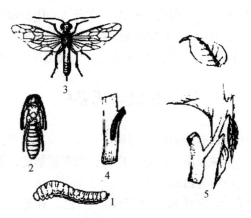

图66　梨茎蜂
1. 幼虫　2. 蛹　3. 成虫　4. 幼虫危害状　5. 成虫产卵危害断枝

危害症状　新梢生长至6~7cm时，上部被成虫折断，下部留2~3cm短橛。在折断的梢下部有一黑色伤痕，内有卵一粒。幼虫在短橛内食害。

发生规律　1年发生1代，老熟幼虫在被害枝橛下两年生小枝内越冬。翌年3月中下旬化蛹，梨树花期羽化，4月上中旬产卵。先用产卵器在新梢下部留3~4cm处，将上部嫩梢锯断，幼虫孵化后向下蛀食，受害枝变黑干枯，内充满虫粪。5月下旬蛀入二年生小枝继续取食，幼虫老熟调转身体头部向上做膜状薄茧于10月越冬。

防治方法

（1）梨树落花期，成虫喜聚集，易发现，在清晨震树捕杀。

（2）花后10d剪掉被害技，以杀死卵或幼虫。

（3）每亩用黄色双面黏虫板 8 块，均匀悬挂于 1.5~2.0m 高的 2~3 年生枝条上，经试验黏虫效果极佳，每块黏虫板可黏虫 2 000 余只。

（4）3 月下旬成虫羽化期喷第 1 次药，4 月上旬危害高峰期前喷第 2 次药，用 20%灭扫利乳油 2 000 倍液，防效达 85%~95%；或 2.5%敌杀死乳油 2 000 倍液，防效达 90%~95%。

四、白蜡哈氏茎蜂

白蜡哈氏茎蜂属膜翅目茎蜂科。北自我国东北中南部，经黄河流域、长江流域，南达广东、广西，东南至福建，西至甘肃均有分布。寄主植物为白蜡树。

形态特征　成虫体长 13~15mm，黑色，有光泽，分布有均匀的细刻点；触角丝状，27 节，鞭节褐色；翅透明，翅痣、翅脉黄色。雄成虫体长 8.5~10mm，触角 24~26 节，其余特征同雌虫。幼虫乳白色或淡黄色，体长约 12mm，头部圆柱形浅褐色，腹部 9 节，乳白色或淡黄色。蛹为离蛹。

危害症状　初孵幼虫从当年新生枝条第 1 对叶柄处蛀入嫩枝髓部，然后向上串食前进，其排泄物充塞在蛀空的隧道内，一般每一被害枝条内有 1~5 条幼虫，致使被害部位的复叶青枯萎蔫，影响景观效果。

图 67　白蜡哈氏茎蜂成虫

发生规律　华北地区 1 年发生 1 代。以幼虫在当年生枝条髓部越冬。3 月上旬至 3 月底陆续化蛹，4 月上中旬羽化，4 月中下旬，初孵幼虫从复叶柄处蛀入嫩枝髓部危害，5 月初可见受害萎蔫青枯的复叶。幼虫一直在当年生枝条内串食危害并越冬。

防治方法

（1）结合冬季修剪，剪除有褐色斑点的枝条，集中烧毁，减少越冬幼虫的数量。

（2）白蜡哈氏茎蜂成虫有较强的飞翔能力，防治时应在一定的区域范围内，进行联防联治，封锁成虫的生存空间，缩小扩散范围。

（3）在成虫羽化期至幼虫孵化期。最佳防治期在 4 月上中旬。采用 40%氧化乐果 1 000 倍液或 10%的吡虫啉 1 500 倍液加增效剂对叶面及枝条喷雾。叶面与枝条喷到、喷匀即可。

第十章 蚧 类

一、草履蚧

　　草履蚧属同翅目绵蚧科。分布于安徽、河北、河南、山东、山西、内蒙古、西藏、陕西、辽宁、江苏、江西、福建、北京、天津、四川、云南等地。寄主植物为苹果、桃、梨、柿、枣、无花果、柑橘、荔枝、栗、槐、柳、泡桐、悬铃木、月季、核桃、刺槐、杨、枣、樱桃、白蜡、香椿、杏、桑、乌桕等。

　　形态特征　雌成虫体长达 10mm 左右，背面棕褐色，腹面黄褐色，被一层霜状蜡粉；触角 8 节，节上多粗刚毛；足黑色，粗大；体扁，沿身体边缘分节较明显，呈草鞋底状。雄成虫体紫色，长 5~6mm；翅淡紫黑色，半透明，翅脉 2 条，后翅小，仅有三角形翅茎；触角 10 节，因有缢缩并环生细长毛，似有 26 节，呈念珠状，腹部末端有 4 根体肢。分别是上腿、下腿。卵椭圆形，初产黄白渐呈黄红色，产于卵囊内，卵囊为白色绵状物，其中含卵近百粒。若虫除体形较雌成虫小，色较深外，余皆相似。雄蛹圆筒状，褐色，长约 5.0mm，外被白色绵状物。

图 68　草履蚧
(左：雄成虫　右：雌成虫)

危害症状　以若虫和雌成虫将口器刺入苗木组织内大量吸食嫩芽和枝条的汁液，使苗木失去营养及水分，与此同时，大量排出蜜露，诱发霉菌，发生煤污病，使苗木长势减弱，严重的会枯死。

发生规律　北方 1 年发生 1 代，以卵居卵囊内，在树木附近的建筑物缝隙、碎土块下、砖石堆里、树皮缝、树洞等处越冬，极少数以 1 龄若虫越冬。翌年 2 月上旬至 3 月上旬孵化，4 月下旬至 5 月上旬雌若虫蜕皮后变为成虫，5 月上中旬为羽化期。5 月中下旬至 6 月中旬，雌虫开始下树，钻入树干周围石块下、土缝等处，分泌白色绵状卵囊，产卵其中，以卵越夏越冬。

防治方法

（1）在雄虫化蛹期、雌虫产卵期，清除附近墙面虫体。

（2）保护和利用天敌昆虫红环瓢虫。

（3）孵化始期后 40d 左右，喷施 30 号机油乳剂 30～40 倍液，或喷棉油皂液 80 倍液，或喷 5% 吡虫啉乳油，或 50% 杀螟松乳油 1 000 倍液。

二、紫薇绒蚧

紫薇绒蚧属同翅目绒蚧科。分布于江苏、浙江、上海、山东、山西、北京、天津、沈阳等地。寄主植物为紫薇、石榴等。

形态特征　雌成虫体长椭圆形，长 1.5～2.2mm，深紫红色；体被蜡粉，体周边有枣刺状白蜡丝，每侧 18 根，从前端信后逐渐变长，尾端 2 根稍长些。雄成虫体长 0.8mm 左右。卵椭圆形，淡紫红色。若虫长椭圆形，体长 0.3～1.4mm，尾端略尖；初孵时淡黄色，随着身体增大，体色逐渐加深，蜡粉增多。

危害症状　以若虫和雌成虫寄生于植株枝、干和芽腋等处，吸食汁液。其排泄物能诱发煤污病，影响花卉的生长发育和观赏。虫口密度大时枝叶发黑，叶子早落，开花不正常，甚至全株枯死。

发生规律　1 年发生 2 代，以 2 龄若虫在寄主枝干等缝隙内越冬。翌年 3 月中旬继续发育，4 月中旬越冬代若虫雌雄分化，5 月间雄虫羽化，雌虫成熟并分泌绒质蚧壳，5 月下旬产卵。6 月中旬第 1 代若虫出现，7 月上中旬出现第 1 代雌、雄性成虫，8 月中下旬至 9 月上旬为第 2 代若虫孵化期，该代绝大多数定居在寄主枝条上，从 10 月下旬起，发育到 2 龄若虫先后进入越冬状态。

防治方法

（1）冬季适当修枝，消灭越冬的2龄若虫。

（2）冬季落叶后和早春发芽前，喷3波美度石硫合剂，杀死越冬若虫。

（3）6月中旬和8月末，2代若虫孵化盛期喷施40%氧化乐果乳油1 000倍液，或10%高效氯氰菊酯乳油2 000倍液2~3次。

三、朝鲜球坚蚧

朝鲜球坚蚧属同翅目蜡蚧科。分布于辽宁、吉林、黑龙江、北京、天津、内蒙古、山西、河北、山东、江苏、浙江、安徽、河南、陕西、宁夏、云南、四川、湖南、湖北、重庆等地。寄主植物为杏、桃、苹果、梨、梅花、樱桃、李、沙果、槟果等。

形态特征 雌体近球形，长4.5mm，前、侧面上部凹入，后面近垂直；初期介壳软黄褐色，后期黑褐色，表面具蜡粉。雄体长1.5 ~ 2mm，头胸赤褐，腹部淡黄褐色；触角丝状10节，生黄白短毛；前翅发达白色半透明，后翅特化为平衡棒。卵

图69 朝鲜球坚蚧若虫

椭圆形，长0.3mm，附有白蜡粉，初白色渐变粉红。初孵若虫长椭圆形，扁平，长0.5mm，淡褐至粉红色被白粉。蛹长1.8mm，赤褐色。

危害症状 以若虫和雌成虫群聚固着在枝干上刺吸汁液，虫口密度大时，被害枝条上常常介壳累累，造成树势衰弱，甚至干

枯死亡。同时还排泄蜜露，常导致煤污病发生。

发生规律　北方地区 1 年发生 1 代，以 2 龄若虫在小枝条上覆盖于蜡质层下越冬。翌年 3 月中下旬开始活动。3 月底在蜡壳内化蛹，羽化盛期在 4 月下旬。5 月上中旬产卵，5 月下旬至 6 月上旬为幼虫孵化盛期。10 月中旬以 2 龄若虫越冬。

防治方法

（1）剪除或刷擦被害枝，消灭越冬雌成虫。

（2）发芽前喷布 5 波美度石

图 70　朝鲜球坚蚧危害状

硫合剂。在若虫孵化期喷 40% 速蚧杀 1 000~1 500 倍液，或速蚧克 1 000~1 500 倍液，或 30% 速扑蚧 1 200 倍液。如果若虫形成介壳后，防治效果会明显降低，所以，在若虫介壳形成前防治效果最好。

四、苹果球蚧

苹果球蚧属同翅目蜡蚧科。分布于河北、河南、辽宁、山东等地。寄主植物为苹果、桄沙果、海棠、梨、山楂、桃、樱桃等。

形态特征　雌成虫介壳近乎球形，直径 3~4.4mm，黄褐色，从前向后倾斜，后半部有 4 纵列凹点；介壳硬化后呈红褐色。产卵后介壳球形，表面光亮黑褐色。雄成虫体长 2mm，淡棕红色，中胸盾片黑色；触角丝状 10 节，眼黑褐色；前翅发达乳白色，半透明，翅脉 1 条 2 分叉，后翅为平衡棒。卵椭圆形，长

0.31mm，初乳白色，半透明，近孵化时变为淡橘红色，上覆一层白色蜡粉。初孵若虫扁平椭圆形，体长 0.5mm，橘红色或淡血红色；体背中央有 1 条暗灰色纵线，固着后体色由橘红色变成黄白色，分泌出淡黄色半透明的蜡壳，长椭圆形扁平，长约 1mm；背部中纵向深橘红色，透亮，介壳周缘有白毛，越冬后雌体迅速膨大成卵圆形，栗褐色，表面被有一层极薄蜡粉。雄体略瘦小于雌体，体背微隆起，表面有一层灰白色蜡粉。蛹雄蛹长卵形，长 2mm 淡褐色。

危害症状 若虫和雌虫以口针插入寄主植物组织内吸食枝、叶汁液。危害严重的枝条上介壳累累，虫口密度大时常排泄油状蜜露，诱发煤污病。受害树体生长势弱，枝梢生长不良，重者枝条枯死。

图 71 苹果球蚧介壳

发生规律 1 年发生 1 代。以 2 龄若虫多在 1~2 年发生枝上及芽旁、皱缝固着越冬。萌芽期开始危害，4 月下旬至 5 月上中旬为羽化期，5 月中旬前后开始产卵于体下，5 月下旬开始孵化。初孵若虫从母壳下的缝隙爬出分散到嫩枝或叶背固着危害，发育极缓慢，直到 10 月落叶前蜕皮为 2 龄转移到枝上固着越冬。

防治方法

（1）植物发芽前，用晶体石硫合剂 50 倍液喷洒枝干，消灭越冬虫体。

（2）结合春季浇水，隔 30cm 打孔，孔深 10~20cm，施 3% 呋喃丹 4~6g/m^2，施后浇水。

（3）在养护过程中，及时剪除或刮除虫枝、虫叶，集中烧毁，防止蔓延传播。

（4）若虫孵化盛期至蜡质未形成前，喷施 40% 速蚧杀乳油 1 500~2 000 倍液，或 6% 吡虫啉可溶性液剂 2 000 倍液，或菊酯类农药 2 500 倍液。三种药剂交替使用，7~10d 喷洒 1 次，连喷洒 2~3 次。

五、卫矛矢尖盾蚧

卫矛矢尖盾蚧属同翅目盾蚧科。寄主植物为银边黄杨、金边黄杨、红叶石楠、瓜子黄杨、茶梅、构骨、水蜡、桂花、忍冬、木槿、丁香、山茶、常春藤、鸢尾、冬青等。

形态特征 雌成虫介壳褐色或茶褐色，前端尖，后端粗圆，长 1.4~2mm，稍弯曲，背有浅中脊 1 条；壳点 2 个，位于前端，黄褐色；虫体宽纺锤形，橙黄色，长约 1.4mm，体前部膜质；臀板上有臀叶 3 对，中央 1 对臀叶较大，且陷在臀板尾洼内，第 2、3 对臀叶皆分为 2 叶；肛门圆形，位于臀板中央以前；没有足、眼睛和触角，基本不能移动，终生在一处取食。雄成虫介壳长条形，白色，蜡状，长约 1mm，背面有纵脊 3 条，壳点 1 个，黄褐色，位于前端；虫体长约 0.5mm，橙黄色，像小昆虫，有足、眼睛、触角、翅，腹末有一针状交尾器，能移动。卵椭圆形，橙黄色，长 0.2mm。若虫椭圆形，橙黄或淡黄色；1 龄触角及足发达，尾端有 1 对尾毛；2 龄时，触角及足均消失。雄性蛹，长约 0.4mm，橙黄色，腹末有针状端，交尾器突出。

图 72　卫矛矢尖盾蚧

危害症状 以雌若虫和成虫固定于寄主植物的枝干和叶片上群集吸汁危害，引起落叶，严重时造成枝条枯死，虫口密度大时，其排泄物诱发煤污病发生。

发生规律 华北地区1年发生2~3代，以受精雌成虫在寄主茎枝及叶片上越冬。雌虫于翌年4月下旬至5月下旬产卵，产卵孵化高峰期在4月下旬至5月上旬，第2代产卵孵化高峰期在7月上旬至8月下旬；第1代发育较整齐，第2、3代发育极不整齐。

防治方法

1代若虫孵化盛期至蜡质未形成前，喷施40%氧化乐果乳油1 000倍液，或40%速蚧杀乳油1 500~2 000倍液，或6%吡虫啉可溶性液剂2 000倍液，或菊酯类农药2 500倍液，几种药剂交替使用，7~10d喷洒1次，连喷洒2~3次。

六、梨圆蚧

梨圆蚧属同翅目盾蚧科。分布于东北、华北、华东、华中、西北等地区。寄主植物为梨、苹果、枣、桃、核桃、栗、葡萄、柿、山楂、柑橘、柠檬、草莓等。

形态特征 成虫雌虫蚧壳扁圆锥形，直径1.6~1.8mm。灰白色或暗灰色，蚧壳表面有轮纹。中心鼓起似扁圆锥体，壳顶黄白色，虫体橙黄色，刺吸口器似丝状，位于腹面中央，腿足均已退化。雄虫体长0.6mm，有一膜质翅，翅展1.2mm，橙黄色；眼暗紫色；触角念珠状10节；蚧壳长椭圆形1.2mm，有3条轮纹，壳点偏一端。初孵若虫0.2mm，椭圆形，淡黄色，眼、触角、足俱全，口针比体长弯曲于腹面，腹末有2根长毛；2龄开始分泌蚧壳，眼、触角、足及尾毛均退化。3龄雌雄可分开，雌虫蚧壳变圆，雄虫蚧壳变长。

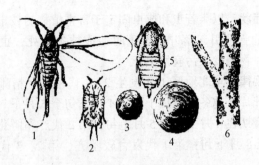

图 73 梨圆蚧
1. 雄成虫 2. 幼虫 3. 雄幼蚧壳
4. 雌幼蚧壳 5. 雄蛹 6. 危害状

危害症状　以成虫、若虫危害枝条、果实和叶片。枝条上常密集许多蚧虫，被害处呈红色圆斑，严重时皮层爆裂，甚至枯死。

发生规律　北京 1 年发生 3 代，以 1~2 龄固定若虫于介壳下在寄主的枝干上越冬。翌年 4 月下旬开始危害寄主枝、干上。翌年 5 月上旬出现成虫，之后，各代 1 龄若虫出现期分别为：1 代在 5 月下旬至 6 月上旬，2 代在 7 月下旬，3 代在 9 月中下旬，11 月上旬开始越冬。

防治方法

（1）该虫天敌资源丰富，重要的种类有：红点唇瓢虫、肾斑唇瓢虫及跳小蜂等，加以保护利用。

（2）结合冬季修剪，剪除介壳虫寄生严重的枝条，集中烧毁。

（3）果树休眠期喷药，花芽开绽前，喷 5 波美度石硫合剂，或 5% 柴油乳油或 35% 煤焦油乳剂，细致周到的喷雾可收到良好效果。生长季节喷药：在越冬代成虫产仔期连续喷药，发现开始产仔后 6~7d 开始喷药，6d 后再喷 1 次。药剂种类和浓度：40%

速蚧杀乳油 1 500~2 000 倍液，或 40％乐果乳油 1 000 倍液，或 20％杀灭菊酯 3 000 倍液，或 20％菊马乳油 1 000~2 000 倍液。

七、橙红圆蚧

橙红圆蚧属同翅目盾蚧科。分布于广东、广西、福建、台湾、浙江、江苏、上海、贵州、湖北、四川、云南、重庆、新疆、内蒙古、辽宁、山东、陕西等地。寄主植物为柑橘、山茶、茶树、葡萄、李、香蕉、苹果、柿、椰子、芭蕉、菠萝蜜、苏铁、银杏、杉、柏、松、莎草、君子兰、柳、山核桃、栗、榆、棕榈、月桂、无花果等。

形态特征 雌成虫介壳圆形或近圆形，直径 1.8~2mm。第 1 壳点在介壳中央，略突起，颜色较深，暗褐色；壳点中央稍尖，脐状，边缘平宽，淡橙黄色，介壳透明，可见内部的虫体；虫体肾形，淡橙黄至橙红色。雄成虫介壳椭圆形，中央稍隆起，初为灰白色、灰黄色，外缘色淡；壳点 1 个，圆形，橘红色或黄褐色，壳点偏在一边。雄成虫体长 1mm，虫体橙黄色，眼紫色，触角和翅各 1 对，足 3 对，尾部交尾器针状。卵宽椭圆形，淡黄色至橙黄色。产于母体下腹内，孵化后才产出若虫，犹如胎生。若蚧宽卵形，橙黄色，2 龄开始长介壳。

危害症状 以成虫和若虫群集在叶片、果实及枝条上危害。严重时满布于枝条、叶片，导致落叶，枝条干枯。

发生规律 1 年发生 3~4 代，以 2 龄幼蚧和雌成虫在枝叶上越冬。两性生殖，繁殖力强。各代幼蚧分别于 5 月、8 月和 10 月出现 3 次高峰。

防治方法

（1）冬春修剪时剪除蚧虫危害严重的枝叶、郁闭枝集中烧毁并全树喷 50~80 倍 95％机油乳剂或松脂合剂 8~10 倍液。

（2）保护利用双带巨角跳小蜂、黄金蚜小蜂、中华圆蚧蚜小蜂、整胸寡节瓢虫、红点唇瓢虫等天敌。

（3）5~6月幼蚧爬行活动取食期连续喷药2次。药剂种类及浓度：40%速蚧杀乳油1 500~2 000倍液，或40%毒死蜱乳油1 000~2 000倍液，或40%杀扑磷乳油1 000~2 000倍液，或40%乐果乳油1 000倍液，或20%杀灭菊酯3 000倍液，或20%菊马乳油1 000~2 000倍液。

八、黄杨芝糠蚧

黄杨芝糠蚧属同翅目盾蚧科。分布于浙江、北京、山西、辽宁等地。寄主植物为锦熟黄杨、雀舌黄杨、朝鲜黄杨、卫矛、榆树、枣树、华北卫矛、胶东卫矛、细叶黄杨、小叶黄杨等。

形态特征　雌雄介壳异型。雌虫介壳长为1mm，长椭圆形，体宽，灰白色。壳点2个，黑或黑褐色。雄虫介壳长为2mm左右，细长，灰白色；壳点1个，黑色，位于前端。

危害症状　该蚧在植株叶片和枝上刺吸汁液，使叶片褪绿出现黄斑，并诱发煤污病，严重时可致使植株死亡。

发生规律　长江流域地区1年发生3代，以受精雌成虫和初孵若虫越冬。上海地区翌年3月底至4月初开始孕卵，5月初开始产卵，5月中下旬若虫孵化，此时正是石榴开花期，石榴盛花期正是第1代若虫防治适期。第2代若虫出现在7月中旬，第3代若虫在9月，世代极不整齐，常常是各种虫态同时并存。华北地区1年发生2代，若虫危害期在6~9月。

防治方法

（1）加强养护。绿化地、苗圃或温室内发生轻时，结合养护管理，剪除有虫枝，并及时烧毁，以消灭虫源。

（2）花木发芽前喷施晶体石硫合剂50倍液，或蚧螨灵石油乳剂 150 倍液，消灭越冬虫体。若虫孵化期及时喷施 40% 速扑杀（速蚧克）2 000 倍液，或 45% 灭蚧 100 倍液防治。

九、糠片盾蚧

糠片盾蚧属同翅目盾蚧科。分布于华东、华南、华北、华中、西南，以及台湾等地。寄主植物为樟、月桂、山茶花、朱顶红、女贞、瓜子黄杨、大叶黄杨、胡颓子、无花果、苹果、梨、樱桃、葡萄、柿、茶、无花果、卫矛、茉莉、枸杞、桂花、佛手等。

形态特征 雌介壳长 1.5~2mm，为不规则长圆形，灰白或灰褐色，介壳边缘为黄、棕色；聚集成堆时边缘无一定形状，中部稍隆起。蜡质薄而色淡。第 1 蜕皮壳圆形，位于前端，偏于一方，暗黄绿色；第 2 蜕皮壳较大，近圆形略隆起，接近介壳边缘，黄褐色。雌成虫体宽卵圆形，长约 0.8mm，紫色，边缘有圆锥状腺刺，触角具 1 长刺毛。臀板淡黄色，边缘有臀叶 4 对。胸部和 1~4 腹节边缘有成群或圆锥状腺瘤。雄介壳长约 1.3mm，灰白色，一龄蜕皮壳黑色，位于前端；虫体淡紫色，翅 1 对，透明，翅脉 2 叉，交尾器特长，针状，腹末有 2 瘤状突起，其上各具长毛 1 根。卵椭圆或长椭圆形，长 0.3mm，淡紫色。若虫初孵幼虫扁平，椭圆形，长宽（0.3 ~ 0.5)mm ×

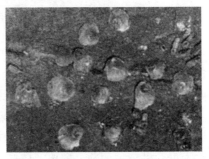

图74 糠片盾蚧介壳

0.15mm，淡紫红色，眼黑褐色，触角和脚均短，固定后收缩，尾毛 1 对。蛹近长方形，紫色，长宽 0.55mm×0.25mm，腹末交尾器长而发达，具尾毛 1 对。

危害症状 若虫、雌成虫刺吸枝干、叶和果实的汁液，重者叶干枯卷缩，削弱树势甚至枯死。

发生规律 南方 1 年发生 3~4 代，以雌成虫和卵越冬，发生期不整齐，世代重叠。四川重庆 1 年发生 4 代，各代发生期：4~6 月，6~7 月，7~9 月，10 月至翌年 4 月。4 月下旬起当年春梢上若虫陆续发生，6 月中旬达高峰。

防治方法

（1）结合冬、夏修剪剪除被害枝、叶和纤弱枝，使橘园通风透光良好。

（2）保护寄生蜂、瓢虫、方头等天敌。

（3）各代若虫的盛发期，用 40%杀扑磷乳油 1 000 倍液，或 40%氧化乐果乳油，或 20%氰戊菊酯乳油 2 000 倍液加 1%的蚧螨灵乳油混用，或 95%蚧螨灵乳油 100 倍液或与 25%喹硫磷乳油 250 倍液混用；或松脂合剂冬季喷 8~10 倍液，或 25%扑虱灵可湿性粉剂 1 500~2 000 倍液，7~10d 喷洒 1 次，连喷洒 2~3 次。

十、桑盾蚧

桑盾蚧属同翅目盾蚧科。分布广泛，几乎遍及全国。但在辽宁、内蒙古、新疆、河北、山东、江苏、浙江、河南、山西、陕西、宁夏、四川、云南、湖南、湖北、广东、安徽更为常见。寄主植物为苏铁、银杏、棕榈、臭菘、芭蕉、木麻黄、杨、柳、桃、李、杏、梅、梨、朴树、榆、山毛榉、山茶、茶树、胡桃、番木瓜、枇杷、葡萄、醋栗、白蜡树、柑橘、酸橙、常山树等。

形态特征 成虫雌体长 0.9~1.2mm，淡黄至橙黄色；介壳灰白至黄褐色，近圆形，长 2~2.5mm，略隆起，有螺旋形纹，壳点黄褐色，偏生一方。雄体长 0.6~0.7mm，翅展 1.8mm，橙黄至橘红色；触角 10 节念珠状有毛。前翅卵形，灰白色，被细毛；后翅特化为平衡棒。性刺针刺状；介壳细长，1.2~1.5mm，白色，背面有 3 条纵脊，壳点橙黄色位于前端。卵椭圆形，长0.25~3mm，初粉红后变黄褐色，孵化前为橘红色。若虫初孵淡黄褐色，扁椭圆形，长 0.3mm 左右，眼、触角、足俱全，腹末有 2 根尾毛；两眼间具 2 个腺孔，分泌绵毛状蜡丝覆盖身体，2龄眼、触角、足及尾毛均退化。蛹橙黄色，长椭圆形，仅雄虫有蛹。

危害症状　若虫和雌成虫刺吸枝干汁液，偶有危害果、叶者，削弱树势，重者枯死。

防治方法

图 75　桑盾蚧介壳

（1）北方桑树休眠期用硬毛刷或钢丝刷刷掉枝条上的越冬雌虫，剪除受害严重的枝条，之后喷洒 5%矿物油乳剂或机油乳剂（蚧螨灵）。

（2）保护利用天敌。

（3）南方在介壳尚未形成的初孵若虫阶段，用 10%柴油和肥皂水混合后，喷雾或涂抹，也可用 80%敌敌畏乳油 500~900倍液或 50%马拉硫磷乳油 1 000 倍液喷雾；在桑盾蚧低龄若虫期用 20 倍的石油乳剂加 0.1%的上述杀虫剂任一种喷洒或涂抹；当介壳形成以后进入了成虫阶段防治较困难，桑农有的用 20~25型洗衣粉 20%溶液涂抹，有用普通洗衣粉 2kg，加火油 1kg，对水 25kg 喷淋或涂抹也有效。

十一、松突圆蚧

松突圆蚧属同翅目盾蚧科。分布于台湾、香港、澳门、广东、福建等地。寄主植物为马尾松、黑松、湿地松、火炬松、本种加勒比松、洪都拉斯加勒比松、巴哈马加勒比松、南亚松、琉球松、光松、短叶松、卡西亚松、晚松、展叶松、裂果沙松、卵果松等。

形态特征 雌介壳圆形或椭圆形，隆起，白色或浅灰黄色，直径约 2mm，有蜕皮壳 2 个；雌成虫梨形，淡黄色，长 0.7 ~ 1.1mm。雄成虫体橘黄色，细长，长 0.8mm；触角 10 节，每节有数根毛，柄节粗短，鞭节各节大小形状

图 76 松突圆蚧雌成虫

相似。卵椭圆形，长 0.35mm，卵壳白色透明，其表面有细的颗粒。初孵若虫体卵圆形扁平，淡黄色，长 0.25 ~ 0.35mm。头胸略宽。2 龄若虫淡黄色，长 0.35mm，足完全消失，触角退化只留遗迹，腹部末端出现了臀板，其外形近似雌性成虫。预蛹黄色，棒锤状，后端略小，长约 0.72mm，前端出现眼点。

危害症状 以若虫及雌成虫刺吸枝干、针叶、嫩梢、新鲜球果的汁液造成危害，受害处变色发黑，缢缩或腐烂，常造成大量针叶枯黄脱落，影响松树生长，植株连续几年受害，可引起全株死亡。

发生规律 广东省 1 年发生 5 代，每年的 3 ~ 5 月是该蚧发生的高峰期，9 ~ 11 月为低峰期。3 月中旬至 4 月中旬为第 1 代若虫

高峰期，以后各代依次为：6 月初至 6 月中旬，7 月底至 8 月中旬，9 月底至 11 月中旬。

防治方法

（1）保护松突圆蚧花角蚜小蜂。

（2）采用 50%杀扑磷乳油、25%喹硫磷乳油 500 倍液防治效果均达 80%以上，对雌蚧的杀伤力也远优于其他农药。使用松脂柴油乳剂可在 10~11 月进行飞机喷洒或在 4~5 月地面喷洒。

（3）严禁疫区或疫情发生区内的苗木外调，调入的苗木发现疫情可用松脂柴油乳剂（0 号柴油:松脂:碳酸钠 = 22.2:38.9:5.6）3~4 倍稀释液或 40%毒死蜱 400 倍液均匀喷洒或销毁处理。

十二、日本长白盾蚧

日本长白盾蚧属同翅目盾蚧科。分布于广东、广西、福建、台湾、江苏、湖北、贵州、四川、云南、山东、吉林、辽宁、河北、山西、陕西、甘肃、青海、宁夏、内蒙古。寄主植物为黄刺玫、皂角、槐、樱花、李、柿、花椒、山楂、柑橘、苹果、梨、樱桃、无花果、玫瑰、芍药、牡丹、葡萄、木兰、槭、茶、杨、桐、丁香、榆、吊钟花、栎、石楠、海桐花、山茶、赤杨、枫香。

形态特征　雌介壳长纺锤形，略弯或直，背面隆起，壳点 1 个，突出于头端，暗褐色；介壳表面具一层灰白色蜡质分泌物。雌成虫体纺锤形，淡紫色，腹末黄色。体两侧各有 1 列小圆锥状齿突。触角短，有 4 根长毛。雄介壳似雌介壳，但略小，呈白色。雄虫紫褐色，翅白色透明，性刺黄色。1 龄若虫体球形，前端稍狭，触角 5 节，第 5 节最长，生有 7 根长毛，以末端 2 根最长，腹节边缘有腺孔及细毛。臀板有臀叶。

危害症状　以若虫及雌成虫在叶、干上刺吸汁液，致受害树势衰弱, 叶片瘦小、稀少。如在短期内形成紧密的群落, 布满枝干或叶片, 造成严重落叶, 枝条枯死或整株死亡。

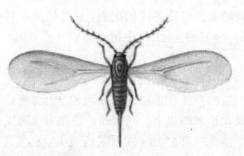

图 77　日本长白盾蚧雄成虫

发生规律　江苏、浙江、安徽、湖南 1 年发生 3 代, 以末龄雌若虫和雄虫前蛹在枝干越冬。翌年 3 月下旬至 4 月下旬, 雌成虫羽化, 4 月中下旬雌成虫开始产卵, 第 1、2、3 代若虫孵化盛期主要在 5 月中下旬、7 月中下旬和 9 月上旬至 10 月上旬。

防治方法

（1）在第 1 代若虫孵化盛期喷洒 20 号石油乳剂 30 倍液, 或 50% 久效磷乳油 1 000 倍液, 或 40% 氧化乐果乳油 1000 倍液等。

（2）于 5~6 月间在树干涂抹毒环毒杀成虫、若虫, 可选用上述后 2 种药剂的 10~15 倍液。

十三、考氏白盾蚧

考氏白盾蚧属同翅目盾蚧科。分布于上海、浙江、江苏、江西、福建、山东、台湾、广东、广西、黑龙江、吉林、辽宁、内蒙古、甘肃、北京、湖北、湖南、四川、云南、贵州等地。寄主植物为白兰花、含花、夜合花、山茶、黄兰、荷花玉兰、苏铁、石栗、桂花、兰花、秋枫、万年青、夹竹桃、丁香、杜鹃等。

形态特征　雌成虫近椭圆形, 淡黄色, 臀板带红色, 长 1.5mm; 前胸和中胸常膨大, 后半部变狭。雌蚧壳扁平近圆形, 不透明, 长约 2mm, 2 个壳点突出在头端, 黄褐色。雄蚧壳白色，蜡质，长形，两端略平行，长约 1mm，背面略现 3 条纵脊线，蜕位于前端，淡黄色。卵长椭圆形，淡黄色。若虫卵圆形，黄绿色，长 0.4mm，分泌有白色蜡丝。

危害症状　以若虫和雌虫寄生于植株的小枝和叶片上，吮吸汁液，叶片呈现黄色斑点，使植株生长衰弱，并诱发煤污病。

发生规律　广州 1 年发生 5 代。以受精雌成虫在枝条或叶片上越冬，翌年 3 月上旬至 5 月上旬产卵。第 1~4 代及越冬代成虫发生期分别在 5 月上旬至 6 月中旬，7 月下旬至 8 月上旬，8 月下旬至 9 月上旬，9 月下旬至 10 月下旬，11 月中旬至 12 月下旬。第 1~5 代卵盛孵期分别在 3 月下旬至 4 月上旬，7 月上中旬，8 月中旬，9 月中旬，11 月中下旬。一般每年在 4~12 月均可见到各虫态，以 7~10 月为严重危害期。

防治方法

（1）保持良好的通风透光条件，在冬春季，结合养护进行合理疏枝。

（2）保护天敌：丽蚜小蜂、长棒蚜小蜂、长棒跳小蜂、瘦柄花翅蚜小蜂、日本方头甲、尼氏钝绥螨、德氏钝绥螨、小毛瓢虫、草蛉、食蚧啮虫等。

（3）若虫孵化期，可选喷 40%氧化乐果 1 000 倍液，或 5%吡虫啉乳剂 500 倍液，或 50%杀螟松 1 000 倍液，或 25%亚胺硫磷 1 000 倍液，或松脂合剂 7~10 倍液，或机油乳剂 30 倍液。

十四、米兰白轮盾蚧

米兰白轮盾蚧属同翅目盾蚧科。分布于辽宁、内蒙古、山西、河北、安徽、浙江、上海、湖北、福建、台湾、广东、海南、广西、贵州、云南、四川等。寄主植物为米兰、苦楝、山茶、柑橘、月桂、桂花、南天竹、四季米兰、九里香、木槿、悬钩子、牛奶子、菝葜等。

形态特征 雌介壳近圆形略隆起，直径 2.5~3mm，灰白色；壳点接近边缘，第 1 壳点淡黄色，第 2 壳点淡褐色。雌成虫体长 1.5mm，长形，两侧略平行。雄介壳长条形，长 1.2~1.5mm，白色，蜡质状，两侧平行，壳点位于前端，淡褐色或黄褐色。雄成虫体长 0.9mm，长卵形，橘黄色，腹部侧面淡褐色；触角及足黄或淡黄色；眼黑色，翅透明；触角长约 0.6mm；足长，多毛；生殖刺粗，长约 0.3mm。卵长椭圆形，长 0.3mm，初为黄褐色，近孵化时紫红色，半透明。1 龄若虫长椭圆形，长 0.25mm，黄褐色，扁平；体缘有少数小毛；眼发达，位于头两侧；触角 6 节，末端节细长，长度小于前 5 节之和；头前面有 1 对头腺；足粗壮；长有 2 对较长的尾须。2 龄若虫椭圆形长 0.7~0.8mm，橘黄色；触角、眼、足退化。雄蛹体长 0.75mm；黄褐色，眼暗红色，附肢及翅芽黄色，触角长达身体 2/3。

危害症状 以若虫、成虫在寄主枝条和叶片上刺吸危害。发生严重时布满整个枝条和叶片，几乎全为白色；还大量分泌蜜露，导致煤污病的严重发生，丧失观赏价值。

发生规律 北方温室内 1 年发生 2 代，南方各地 1 年发生 3~4 代。以受精雌成虫越冬。2 代者每年 4 月下旬至 5 月上旬及 8 月中旬至 9 月下旬为孵化盛期。雄虫 7 月上旬出现，第 2 代雄虫 10 月上旬出现。发生 3 代者每年 3 月下旬至 4 月中旬产卵，4 月中下旬为产卵盛期，5 月中旬为孵化盛期，7 月中旬为第 2 代孵化盛期，9 月中、下旬为第 3 代孵化盛期。

防治方法

参见考氏白盾蚧。

十五、月季白轮盾蚧

月季白轮盾蚧属同翅目盾蚧科。分布于上海、江苏、浙江、江西、福建、四川、云南、广西、北京、安徽等地。寄主植物为月季、蔷薇、玫瑰、黄刺梅、苏铁等。

形态特征 雌虫直径 2.0～2.4mm。初为黄色，后变为橙色，介壳灰白色，近圆形，两个壳点，第 1 壳点淡褐色，靠近介壳边缘，叠于第 2 壳点之上；第 2 壳点黑褐色，近介壳中心。雄成虫体长约 1.2mm，宽约 1.0mm，头胸部膨大，头缘突明显，中胸处较宽。后胸和臀前腹节侧缘呈瓣状突出，初期橙黄色，

图78 月季白轮盾蚧雄介壳

后期紫红色。臀叶 3 对，中叶位于臀板凹缺处，基部轭连，内缘基部直，端半部向外倾斜；背腺管 5 列，第 2～4 腹节亚中群均为前后 2 排；围阴腺 5 群。雄介壳长约 0.8mm，宽约 0.3mm，白色，蜡质，两侧近平行，背面有 3 条纵背线，壳点位于前端。卵长约 0.16mm，紫红色，长椭圆形。初龄若虫，体橙红色，椭圆形；其上分泌有白色蜡丝；触角 5 节，端节最长；腹末有 1 对长毛。

危害症状 以若虫和雌成虫固着在枝干上吸取汁液危害，被害部变为褐色，发生严重时，整个枝干布满蚧体，树势衰弱，植株抽条，甚至枯死。

发生规律 1 年发生 2~3 代，因地制宜，在华北地区 1 年发生 2 代，以受精雌成虫和 2 龄若虫枝干处越冬。翌年 4 月上中旬开始活动，一般将卵产于壳下，孵化盛期在 5 月上中旬和 8 月中下旬。

防治方法

（1）月季休眠期，剪除受害枝叶并集中深埋，喷施5波美度石硫合剂。

（2）结合修剪等管理，根施3%呋喃丹颗粒剂，施后浇水；若虫孵化盛期，在介壳未形成之前，向枝叶喷施40%速蚧杀乳油1 500~2 000倍液，或6%吡虫啉可溶性液剂2 000倍液。

十六、黑褐圆盾蚧

黑褐圆盾蚧属同翅目盾蚧科。分布于上海、江苏、福建、台湾、山东、江西、广东、广西、四川、云南、重庆等地。寄主植物为山茶、剑兰、玫瑰、桂花、夹竹桃、金橘等。

形态特征　雌虫体黄褐色，圆形，略突；老熟时前体部膜质或有时仅稍硬化，倒卵形，在胸部两侧各有一个刺状突起；雌虫介壳色泽似有变化，但趋于深黑色，圆形，蜡质坚厚，中央隆起，周围向边缘略倾斜，壳面环纹密，而且显著，略似锥形草帽，附有灰褐色边缘，壳点2个，位于介壳中央顶端，第1壳点圆形，第2壳点也是圆形，色较淡。雄虫体黄色，长约0.8mm，翅展2mm左右，透明。雄介壳色泽与质地同雌介壳，椭圆或卵形，壳点偏于一端，长约1mm。卵浅橙黄色，椭圆形，长约0.2mm，产于介壳下，母体后方。1龄若虫体长0.24~0.26mm，长椭圆形，浅黄色；有足和触角，腹部末端1对长尾毛。经过第1次蜕皮后，除口针外，触角、足和尾毛均消失。2龄以后，雌若虫介壳圆形；雄若虫介壳椭圆形，壳点远离中心。蛹褐黄色，椭圆形，长约0.8mm。

危害症状　以若虫和成虫在植物的叶片、枝条上刺吸危害，受害叶片呈黄褐色斑点，严重时介壳布满叶片，叶卷缩，整个植株发黄，长势极弱甚至枯死。

发生规律 福建1年发生4代,台湾1年发生4~6代。多数以2龄若虫越冬。在福州1~4代若虫的盛发期分别为:5月上中旬,7月中旬,8月中旬至9月中旬,10月上中旬至11月上中旬。

防治方法

(1)加强养护管理,合理整枝,通风透光可减轻危害。

(2)若虫活动期,可选喷25%喹硫磷乳油1 000倍液,或20%稻虱净乳油1 500~2 000倍液,每隔10d喷洒1次,连续喷洒2~3次。

(3)注意保护灭敌昆虫,例如红点唇瓢虫、黑缘红瓢虫、黄金蚜小蜂等。

十七、棕突圆盾蚧

棕突圆盾蚧属同翅目盾蚧科。分布于辽宁(温室)、江苏、浙江、上海、湖北、福建、台湾、广东、广西、云南、贵州。寄主植物为苹果、梨、杏、枇杷、玫瑰、柑橘、胡椒、葡萄、茶、桑、枣、番荔枝、茄子、羊蹄甲、凤凰木、芒果、夹竹桃、鸡蛋花、艾、菊、唐菖蒲、美人蕉、香蕉等。

形态特征 雌介壳圆形至长圆形,隆起,表面粗糙,直径1.0~2.5mm;灰白色或灰褐色,边缘色淡;壳点初期在中心,以后接近一端,凸出,褐黄色。雌成虫长0.8~0.9mm,梨形,前面宽逐渐向后端收缩;触角瘤圆锥形,前端有3~4小齿,侧生1刚毛。雄介壳椭圆形,长0.8~1.0mm,灰白色;壳点偏向前方。卵椭圆形,长0.3mm,浅黄色。一龄若虫宽卵形,体长0.25mm,亮黄色;触角5节,第2节稍长;第4节短生有1根刚毛;末节长约为前4节之和的1.5倍,有环纹,生有7根刚毛;体末端有2个锯状瓣及2根长尾毛,尾毛为体长的3/4。2

龄若虫梨形，体长为 0.6mm，亮黄色；触角、足、眼退化；臀板与成虫相似但背管数量较少。

危害症状　以若虫、成虫在寄主植物的茎、叶上刺吸危害，受害叶初期出现黄色斑点，后变成黄褐色，以至全叶枯黄，严重时茎、叶上布满虫体，造成整株花木枯死，由于虫体分泌蜜露而诱发煤污病的严重发生。

发生规律　1 年发生 5~7 代，世代重叠。以若虫和雌成虫在枝干上越冬。6~8 月是数量发生的最高峰。

防治方法

（1）加强检疫，禁止带虫苗木带入或带出。

（2）结合修剪及时疏枝，剪除虫害严重的枝、叶，以减少虫源，促进植株通风透光，以减轻此蚧的危害。

（3）保护利用草蛉、瓢虫、钝绥螨等天敌。

（4）根施内吸性药剂，如 15%铁灭克颗粒剂或 3%呋喃丹颗粒剂或 5%涕灭威颗粒剂可最大限度地杀灭蚧虫，保护天敌。

（5）在卵孵化盛期及时喷洒 40%氧化乐果乳油 1 500 倍液加 0.1%肥皂粉或洗衣粉或"花保"80~100 倍液，或 50%灭蚜松乳油 1 000~1 500 倍液，或 20%灭扫利乳油 1 500~6 000 倍液，或 2.5%功夫乳油 1 500~5 000 倍液，或 50%稻丰散乳油 1 000 倍液，或 30%桃小灵乳油 1 000 倍液。

十八、椰圆盾蚧

椰圆盾蚧属同翅目盾蚧科。分布于辽宁、河北、山东、陕西、山西、河南、安徽、江苏、上海、浙江、江西、福建、台湾、湖南、湖北、广东、广西、贵州、四川、云南。寄主植物为鹤望兰、珠兰、白兰花、桂花、山茶、苏铁、棕榈、万年青、剑兰、龙舌兰、散尾葵、月桂、棕竹、麦冬、花叶绣球、茶、椰子、柑橘、香蕉、芒果、荔枝、木瓜、葡萄等。

形态特征　雌介壳圆形或近圆形，似稻草黄褐色，直径 1.8mm，薄而透明，壳点位于中央或近中央，很淡，黄白色。雌成虫体稍硬化，长 1.1mm，卵圆形或长卵圆形，鲜黄色。介壳与虫体易分离，腹部向臀板变尖，臀板后端常平截或钝圆，臀叶 3 对；背管腺较长大，但数量少；无厚皮棍和厚皮槌；肛门相对很大；阴门周腺 4 群。雄介壳近椭圆形，质地和颜色同雌，稍小。雄成虫橙黄色，复眼黑褐色，翅半透明，腹末有针状交配器。卵长约 0.1mm，椭圆形，黄绿色。若虫淡黄绿色至黄色，椭圆形，较很扁，眼褐色，触角 1 对，足 3 对，腹末生 1 尾花。

危害症状　成、若虫群栖于叶背或枝梢、茎上，叶片正面亦有雄虫和若虫固着刺吸汁液，致受害叶面出现黄白色失绿斑纹或叶片卷曲、黄枯脱落。新梢生长停滞或枯死。

发生规律　贵州 1 年发生 2 代，浙江、江苏、湖南 1 年发生 3 代，福建 1 年发生 4 代，均以受精后的雌成虫越冬。贵州 1 代若虫于 4 月中下旬开始孵化，5 月上旬进入盛孵期，雄虫于 5 月下旬至 6 月下旬化蛹，6 月中旬至 7 月上旬羽化。第 2 代若虫于 7 月中旬开始孵化，8 月上旬进入盛孵期，雄虫于 9 月上中旬化蛹，10 月上中旬羽化。

防治方法

（1）严防有蚧虫的苗木调入或调出，把好检疫关。

（2）加强综合管理，使通风透光良好，以增强树势提高抗虫能力。

（3）剪除花虫严重的枝、叶，集中烧毁，但烧前一定要使天敌飞出后再烧。

（4）充分保护和利用天敌。

（5）在若虫盛孵期及时喷洒 50% 马拉硫磷乳油 800 倍液，或 50% 辛硫磷乳油或 25% 爱卡士乳油或 25% 扑虱灵可湿性粉剂

1 000 倍液。第 3 代可用 10~15 倍松脂合剂或蒽油乳剂 25 倍液防治。

十九、柳蛎盾蚧

柳蛎盾蚧属同翅目盾蚧科。分布于北京、河北、山西、内蒙古、辽宁、吉林、黑龙江、山东、云南、甘肃、青海、宁夏、新疆。寄主植物为杨、柳、榆、核桃树等。

形态特征 雌蚧壳长 3.2~4.3mm，微弯曲，前端尖后端渐膨大，暗褐色或黑褐色，边缘灰白色；表面附有一层灰白色粉状物。雌成虫体长 1.3~2.0mm，黄白色，长纺锤形；臀板黄色；触角短，具 2 根长毛；复眼、足均消失，无翅，口器为丝状口针。雄蚧壳狭长为"I"形，较雌壳稍小。雄成虫黄白色，体长约为 1mm，翅展约 1.3mm，淡紫色；触角 10 节，念珠状，淡黄色，胸部淡黄褐色。复眼膨大，口器退化；有 1 对膜质翅，翅脉简单，后翅退化成平衡棍；腹部末端有长形的交尾器。卵长约 0.25mm。椭圆形，黄白色。1 龄若虫，扁平，长 0.3~0.36mm；触角发达，6 节，柄节较粗，末节细长并生长毛，口器发达，具 3 对胸足；背面附着一层白色丝状物；蜕皮后，触角、足均消失，体表分泌蜡质，并与蜕的皮形成深黄色蚧壳。2 龄若虫体纺锤形。雄蛹长约 1mm，黄白色。

危害症状 若虫和雌虫刺吸枝干，引起枝、干畸形和枯萎。幼树被害后 3~5 年内全株死亡。

发生规律 1 年发生 1 代，以卵在雌蚧壳内越冬。5 月中下旬开始孵化，6 月初为孵化盛期。6 月上旬初孵若虫均已固定于枝干上，逐渐形成蚧壳。雄若虫蜕一次皮后就进入前蛹期，经 8~10d 化蛹，蛹期为 10d 左右。雄成虫 7 月上中旬羽化，交尾后 1~2d 死亡；雌虫于 7 月上旬变为成虫，交尾后，于 8 月上旬产卵，卵当年不孵化即越冬。

防治方法

（1）加强检疫，结合修剪，剪除被害严重的虫枝，及时处理或烧毁。

（2）在5月中旬至6月中旬若虫孵化期，每隔7~10d向枝干喷洒1次50%杀螟松乳油600~800倍液，或40%氧化乐果乳油1 000倍液。

（3）在若虫期和成虫产卵前期，在树干胸高处刮去表皮，形成宽10cm圆环，涂50%辛硫磷或40%氧化乐果乳油10~15倍液，效果良好。

（4）保护和利用天敌如跳小蜂、红点唇瓢虫等。

二十、日本松干蚧

日本松干蚧属同翅目珠蚧科。主要分布于日本、朝鲜、韩国，该地区可能是其原产地。入侵地：我国有辽宁、山东、江苏、浙江、安徽、上海等地。寄主植物为赤松、油松、马尾松、黑松、黄松、千头赤松、台湾松等。

形态特征 雌成虫体长2.5~3.3mm，卵圆形，橙褐色，体扁，体壁柔软，体节不明显，前端略狭，后部较宽；触角9节，念珠状，口器退化。雄性体长1.3~1.5mm，胸部特别发达，黑色；复眼大，口器退化；触角10节，胸足3对，细长；前翅发达，半透明，有明显的羽状纹；后翅退化成平衡棍。卵长约0.24mm，椭圆形，初为黄色，后变为暗黄色；孵化前卵的一端可透见2个黑色眼点。初孵若虫体长约0.26mm，长椭圆形，橙黄色；触角6节，单眼1对，口器发达，喙圆锥状，口针极长，卷于腹内；胸足3对，腹末有长短尾毛各1对。1龄寄生若虫由梭形变为梨形，体长约0.42mm，宽约0.32mm，橙褐色。2龄若虫无附肢，触角、眼、足全部消失，口器特别发达。

危害症状 被害后枝干下弯，针叶枯黄，以致逐渐干枯或引起松干枯病，树干因害虫侵入而大面积死亡。

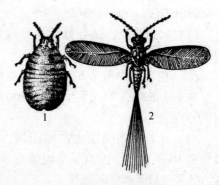

图79 日本松干蚧
1. 雄成虫　2. 雌成虫

发生规律 1年发生2代，以1龄寄生若虫潜于树皮裂缝内越冬或越夏。成虫第1次集中出现在5月中旬至6月上旬，第2次集中出现在8月上旬至9月中旬。若虫每个世代各有一次隐蔽期和显露期。越冬代（第2代）若虫的隐蔽期，自9月上旬开始，到翌年3月下旬及4月上旬。4月中旬至6月上旬为越冬代若虫的显露期，此期各虫态均大量出现，比较集中。第1代若虫的隐蔽期在6月上旬至8月上旬，显露期在7月下旬至9月中旬。此期各虫态参差不齐。

防治方法

（1）加强植物检疫。严禁疫区苗木、原木向非疫区调运。

（2）营林防治。封山育林，迅速恢复林分植被，改善生态环境；营造混交林，补植阔叶树或抗此虫较强的树种，如火炬松、湿地松等；及时修枝间伐，以清除有虫枝、干，造成松干蚧不适于繁殖的条件。

（3）保护利用天敌。如蒙古光瓢虫、异色瓢虫对松干蚧均有较强的抑制作用，应加以保护和利用。

（4）在松干蚧的2个集中出现期的显露期间喷25%蛾蚜灵可湿性粉剂1 500~2 000倍液。

二十一、竹白尾粉蚧

竹白尾粉蚧属同翅目粉蚧科。分布区域很广，如广西、上海、北京、台湾等地。寄主植物为刚竹、紫竹、凤尾竹等。

形态特征　雌成虫体椭圆形，长约 2mm，暗紫色，包被于一白色蜡质卵球形的卵袋内，顶端伸出 1~2 根很长的白色蜡丝，呈现于腋芽外。

危害症状　成、若蚧寄生在竹分枝芽腋内，影响生长并诱发煤污病。

图 80　竹白尾粉蚧

发生规律　上海地区 1 年发生 3 代，以雌成虫在 1 年生枝条、节间、叶鞘和隐芽中越冬。翌年 3 月（紫荆初花期）开始孕卵，5 月上旬（溲疏盛花期、海桐谢花期）是第 1 代若虫孵化始期，5 月中下旬（金丝桃花蕾吐色期、石榴盛花期）为孵化盛期，6 月上旬（合欢盛花期）为孵化末期。第 2、3 代若虫分别发生在 6 月和 7 月，第 2 代出现世代重叠现象，第 3 代若虫可持续到 11 月。初孵若虫在晴天上午爬出蜡囊到叶鞘内刺吸危害，2 龄若虫群集于枝杈和叶鞘上危害，并分泌白色絮状蜡质覆盖虫体，10~14d 后蜡丝完全包着虫体，形成蜡囊，并大量分泌蜜露，常招致煤污病发生。山西地区 1 年发生 2 代，翌年 4 月下旬越冬雌成虫孕卵，5 月上旬至 6 月下旬孵化，5 月下旬为第 1 代若虫孵化盛期，第 2 代若虫孵化盛期在 7 月下旬。

防治方法

（1）人工刮除或修剪有虫枝，注意通风透光，可减少虫口密度。

（2）在发生不严重情况下，尽量不喷药剂，可释放澳洲瓢虫、大红瓢虫、小红瓢虫和红环瓢虫等天敌控制（瓢虫现已商品化）。

（3）若虫孵化期喷施花保和烟参碱 1 000 倍液防治。发生严重时，可用 40%速扑杀 2 000 或 20%康福多 4 000 倍液迅速压低虫口密度。

二十二、长尾粉蚧

长尾粉蚧属同翅目粉蚧科。分布于福建、台湾、广东、广西、云南、贵州及北方各大城市温室。寄主植物为报春花、扶桑、红桑、银边桑、桑树、变叶木、夹竹桃、海桐、樱花、木兰、柑橘、榕、黄葛榕、槟榔、栀子、仙人掌、杜鹃、石楠、文竹、蒲桃、相思树、山龙眼、李、番石榴等。

形态特征　雌成虫长椭圆形，体长约 3.5mm，宽约 1.8mm，体外被白色蜡质分泌物覆盖。体缘有 17 对白色蜡刺，尾端具 2 根显著伸长的蜡刺及 2 对中等长的蜡刺；虫体黄色，背中央具一褐色带；足和触角有少许褐色。触角 8 节，第 8 节显

图 81　长尾粉蚧雌成虫

著长于其他各节；喙发达；足细长，胫节长为跗节长的 2 倍，爪长；腹裂大而明显，椭圆形；肛环宽，具内缘和外缘 2 列卵圆形孔和 6 根肛环刺；多孔腺较少，仅分布在阴门周围。刺孔群 17

对。卵椭圆形，淡黄色，产于白絮状卵囊内。若虫相似于雌成虫，但较扁平，触角6节。

危害症状　以成、若虫在寄主植物的茎、枝条、新梢和叶上刺吸汁液，致使受害植物发芽晚，叶变小，严重时茎、叶布满白色絮状蜡粉及虫体，诱发煤污病，致使枝条干枯、死亡。

发生规律　1年发生2~3代，温室中常年可发生。以卵在卵囊内越冬。翌年5月中下旬若虫大量孵化，群集于幼芽、茎叶上刺吸危害，使枝叶萎缩、畸形。雄若虫后期形成白色茧，并在茧内化蛹。每雌成虫产卵200~300粒，产卵前先形成白絮状蜡质卵囊，产卵于卵囊中。

防治方法

（1）加强检疫，严禁带虫苗木调入、调出，以防传播。

（2）加强园艺管理，增强树势，及时通风透光，剪除有虫枝。

（3）在若虫盛孵期及时喷洒40%氧化乐果乳油1 500倍液，或25%蜡蚧灵乳油1 000倍液，或40%速扑杀乳油1 500倍液，或40%乙酰甲胺磷乳油800倍液，或20%灭扫利乳油1 000倍液。

（4）盆栽花卉可向盆内根施15%铁灭克颗粒剂或3%呋喃丹颗粒剂或8%氧化乐果颗粒剂，15~25cm口径的花盆施1~2g，施后覆土浇水。

（5）保护利用天敌。

二十三、柿粉蚧

柿粉蚧属同翅目粉蚧科。分布于河北、河南、山东、山西、陕西、安徽、广东、广西、天津、北京等地。寄主植物为柿树、桑树、无花果、荚迷、常春藤、李树、梨树、狗牙根、枇杷、野桐、鼠李、忍冬、白蜡、跑马子、八仙花、朴树、柳、铁杉、椴、核桃等。

形态特征 雌成虫体肥大,长椭圆形,长4~6mm,紫红色被蜡粉;触角丝状9节,第2、3节最长;头部钝圆,眼突起,喙长;足细长3对,爪下具齿。雄成虫体白色,体长约2.0mm,翅展约4.5mm,触角羽状,尾部具2根2~3mm的刚毛。卵椭圆形,长径约0.6mm,短径约0.1mm,初产卵为白色,后渐变为橙黄色,近孵化时,卵壳上显露出两个红色眼点,卵产于白色蜡质卵囊内。若虫扁平椭圆形,体长约0.7mm,宽约0.3mm,初孵若虫眼为红色,后渐变为黑色,体开始为淡黄色,后渐变为橙黄色。

危害症状 以雌成虫与若虫危害寄主的枝、芽、叶及果薹,受害部位形成淡黄或黄褐色斑点,被害严重的叶片,斑点常连成一片,出现枝、芽、果薹枯死,叶片枯黄脱落,同时常导致煤污病的大发生。

发生规律 四川1年发生2代,河南、山东1年发生1代。以若虫于寄主树皮隙缝或枝干树洞等处越冬发生。2代的,3月中下旬羽化为成虫。5月中旬雌成虫开始产卵,5月中旬末至下旬初为产卵盛期,6月上旬卵开始孵化,6月上旬末中旬初进入孵化盛期。第1代若虫盛发于6月下旬末7月上旬初。第1代雌成虫盛发于7月下旬,8月下旬始见第2代卵,9月上旬为产卵盛期,9月10日第2代若虫出现,9月中旬末至下旬为第2代若虫盛发期,为害至10月间陆续进入越冬发生。1代的,翌年5月闻出蛰转移到嫩梢、幼叶及果实上刺吸为害,5月中旬成虫羽化出现,5月下旬转移到叶背分泌白色绵状卵囊,产卵于其中,6月中旬孵出的若虫爬出卵囊,沿叶脉与叶缘寄生危害,10~11月若虫转至越冬场所进行越冬。

防治方法

(1)冬季及时清理园内杂草,刮树皮、堵树洞,消灭越冬若虫，或利用铁刷刷除越冬若虫，均有效果。

（2）越冬若虫出蛰活动时可喷布 3~5 波美度的石硫合剂；第 1、2 代若虫孵化盛期，喷洒 20%灭扫利乳油或 2.5%功夫乳油及溴氰菊酯乳油 8 000 倍液，或 40%氧化乐果乳油 1 500 倍液。

（3）加强检疫，防止带虫接穗的引入。

二十四、日本龟蜡蚧

日本龟蜡蚧属同翅目蜡蚧科。分布于黑龙江、辽宁、内蒙古、甘肃、北京、河北、山西、陕西、山东、河南、安徽、上海、浙江、江西、福建、湖北、湖南、广东、广西、四川、贵州、云南等。寄主植物为苹果、柿、枣、梨、桃、杏、柑橘、芒果、枇杷等。

形态特征　雌成虫体长 4~5mm，被较厚的白蜡壳，椭圆形，背面隆起似半球形，中央隆起较高，表面具龟甲状凹纹，边缘蜡层厚且弯卷由 8 块组成。活虫蜡壳背面淡红，边缘乳白，死后淡红色消失，初淡黄，后现出虫体呈红褐色。活虫体淡褐至紫红色。雄体长 1~1.4mm，淡红至紫红色，眼黑色，触角丝状，翅 1 对白色透明，具 2 条粗脉，足细小，腹末略细，性刺色淡。卵椭圆形，

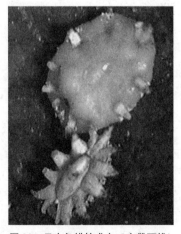

图 82　日本龟蜡蚧成虫（上雌下雄）

长 0.2~0.3mm，初淡橙黄后紫红色。若虫初孵体长 0.4mm，椭圆形扁平，淡红褐色；触角和足发达，灰白色；腹末有 1 对长

毛。雄蛹梭形，长1mm，棕色，性刺笔尖状。

危害症状 若虫和雌成虫刺吸枝、叶汁液，排泄蜜露常诱致煤污病发生，削弱树势，重者枝条枯死。

发生规律 1年发生1代，以受精雌虫在1~2年生枝上越冬。翌年春季植株发芽时开始危害，成熟后产卵于腹下。5~6月为产卵盛期，初孵若虫多爬到嫩枝、叶柄、叶面上固着取食，8月中旬至9月为化蛹期，8月下旬至10月上旬为成虫羽化期，雌虫陆续由叶转到枝上固着危害，至秋后越冬。

防治方法

（1）保护引放天敌。剪除虫枝或刷除虫体。

（2）落叶期或发芽前喷含油量10%的柴油乳剂。

（3）初孵若虫分散转移期喷洒50%马拉硫磷乳油600~800倍液，或30%苯溴磷等乳油400~600倍液，或50%稻丰散乳油1 500~2 000倍液。用矿物油乳剂，夏秋季用含油量0.5%，冬季用3%~5%或松脂合剂，夏秋季用18~20倍液，冬季用8~10倍液。

二十五、角蜡蚧

角蜡蚧属同翅目蜡蚧科。分布于浙江、安徽、四川、江苏、江西、福建、湖南、湖北、台湾、广东、海南、贵州、云南、山东、河北、河南、陕西、黑龙江、辽宁、山西、上海、广西等地寄主植物为茶、桑、柑橘、枇杷、无花果、荔枝、杨梅、芒果、石榴、苹果、梨、桃、李、杏、樱桃等。

形态特征 雌成虫蜡壳半球形，白色，背面有一圆锥状向前弯钩形蜡突，四周有7个凹陷处。雌成虫椭圆形，橙红色，腹面平，背隆起，腹背有一圆锥形突起，平均体长3.7mm。触角6节，以第3节最长。足3对，较粗短。雄成虫赤褐色，具1对半透明前翅和 3 对胸足。卵椭圆形，肉红色，两端色较深，略带紫色。初孵若虫长椭圆形，橙红色，背隆起，眼黑色，触角 7 节，足发达，1 对尾毛白色，蜡壳放射形；至 1 龄末体长 0.9mm，蜡壳半球形，直径 1mm 左右。2

图 83 角蜡蚧雌成虫

龄若虫肉红色，体背开始出现角状突起，体长 1.07～2.02mm，蜡壳直径 1.2～2.7mm。3 龄若虫体色同 2 龄，体背角体突起向前倾，平均体长 2.52mm，蜡壳直径 4.03mm。

危害症状 以成虫、若虫危害枝干。被害叶片变黄，树干表面凸凹不平，树皮纵裂，致使树势衰弱，排泄的蜜露常诱致煤污病发生，严重者枝干枯死。

发生规律 1 年发生 1 代，以受精雌虫于枝上越冬。翌春继续危害，5～6 月为产卵盛期，初孵若虫多爬到嫩枝、叶柄、叶面上固着取食，8 月中旬至 9 月为化蛹期，8 月下旬至 10 月上旬为成虫羽化期，雌虫陆续由叶转到枝上固着危害，至秋后越冬。

防治方法

（1）对发生虫害的国槐枝条进行修剪，集中销毁病枝。

（2）选用 40%速蚧克乳油 1 000～1 500 倍液，或 10%吡虫啉可湿性粉剂 1 000 倍液，或 40%速扑杀乳油 800～1 000 倍液，或 40%杀扑磷乳油 1 500～2 000 倍液等药物。

二十六、白蜡蚧

白蜡蚧属同翅目蜡蚧科。分布于云南、贵州、四川、湖南、陕西、湖北、安徽、江西、福建、江苏、浙江、广西、广东、山东、河南、河北、上海和西藏等省（区）。寄主植物为女贞、小叶女贞、白蜡树、水蜡树、秦皮、漆树及槿等。

形态特征　雌成虫半球形，虫体腹面膜质、触角6节，其中第3节最长；足小，转节的刺毛较长；跗节和胫节的长度略相等；爪具小齿，爪冠毛顶端膨大；胸气门发达，气门口较宽；气门腺路由五孔腺组成，数量很多。气门刺常有11根，圆锥形，顶端较钝，长短不一，其中有几根较长而强劲；多孔腺分布在虫体腹面的腹中部，数量较多而密集；管状腺发达，分布于虫体背、腹两面，在腹面主要分布在虫体边缘，数量很多，形成宽带；虫体背面分布有短而粗的圆锥形小刺，其顶端尖锐。

危害症状　以成虫、若虫在寄主枝条上刺吸危害，造成树势衰弱，生长缓慢，严重的树冠光秃少叶，枝条皆白，并诱致煤污病，甚至造成枝条枯死现象。严重影响了城市的景观。

图84　白蜡蚧危害状

发生规律　1年发生1代，以受精雌成虫在枝条上越冬。翌年3月雌成虫虫体孕卵膨大，4月上旬开始产卵，卵期7d左右。上海地区白蜡蚧若虫期与小叶女贞花期相吻合。初孵若虫在母体附近叶片上寄生，2龄后转移至枝条上危害，雄若虫固定后分泌大量白色蜡质物，覆盖虫体和枝条，严重时，整个枝条呈白色棒状。10月上旬雄成虫羽化，交配后死亡。受精雌成虫体逐渐长大，随着气温下降，陆续越冬。据报道，大连地区6月下旬为若虫孵化盛期，昆明地区无越冬现象，3月中旬若虫开始孵化。连续高温干旱或阴雨绵绵不绝，可造成若虫大量死亡。

防治方法

（1）对虫枝进行修剪，集中销毁病枝。

（2）选用40%速蚧克乳油1 000~1 500倍液，或10%吡虫啉可湿性粉剂1 000倍液，或40%速扑杀乳油800~1 000倍液，或40%杀扑磷乳油1 500~2 000倍液等药物。

二十七、日本纽绵蚧

日本纽绵蚧属同翅目绵蚧科。分布于上海、福州、江苏、湖北、湖南等地。寄主植物为天竺葵、合欢、三角枫、重阳木、枫香、刺槐、山核桃、榆、朴、桑树等。

形态特征　雌成虫体长8mm，卵圆形或圆形，体背有红褐色纵条，体黄白色，带有暗褐色斑点；背部隆起，呈半个豌豆形，背腹体壁柔软，膜质；老熟产卵时体背分泌蜜露，腹部慢慢产生白色卵囊，向后延伸，随着卵量增加卵囊向上拱起，逐渐形成扭曲的"U"形。卵囊伸长45~50mm，宽3mm左右。卵椭圆形，长约0.4mm，橙黄色，表面有蜡粉。若虫长椭圆形，长约0.6mm，肉红色。

危害症状　以若虫和雌成虫在寄主枝上吸取汁液，尤其在嫩枝上危害严重，使开花程度和生长势明显下降，直至枝梢枯死。

发生规律　1年发生1代，以受精雌成虫在枝条上越冬。越冬期虫体较小且生长缓慢。3月初开始活动，生长迅速，3月下旬虫体膨大，4月上旬隆起的雌成虫开始产卵，出现白色卵囊，平均每头雌成虫可产卵1 000粒，多的可达1 600多粒。5月上旬

末若虫开始孵化，5月中旬进入
孵化盛期。卵期为36d左右。孵
化的小若虫在植物上四处爬行，
数小时后寻觅适合的叶片或枝条
固定取食。5月下旬为孵化末期。
若虫主要寄生在2~3年生枝条和
叶脉上。叶脉上的2龄若虫很快
便转移到枝条上寄生。1龄若虫
自然死亡率很高，孵化期遇大雨
可冲刷掉80%以上若虫。11月下
旬至12月上旬进入越冬期。

图85　日本纽绵蚧

防治方法

（1）5月上中旬若虫孵化盛
期喷洒20%灭扫利乳油1 500~2 000倍液，或2.5%功夫菊酯乳
油2 500~3 000倍液，或50%灭蚜松乳油1 000~1 500倍液，或
20%速灭杀丁乳油2 500~3 000倍液，或狂杀蚧1 000~1 500倍
液，或每100升水加狂杀蚧66.7~100mL（有效浓度267~
400mg/L）等。

（2）6~9月采用无公害农药防治，如花保100倍液或1.5%
烟参碱乳油800倍液或烟草水100倍液。

（3）越冬期用松脂合剂30倍液进行防治。

（4）保护利用天敌，如红点唇瓢虫、草蛉、寄生蜂等。

（5）剪除虫枝或刷除虫体。

二十八、东方盔蚧

东方盔蚧属同翅目蜡蚧科。分布于东北、华北、西北、华东
等地区。寄主植物为刺槐、紫穗槐、白榆、白蜡、槐树、法桐、

枫杨、柳树、桑树、杨树、合欢、核桃、枣、桃、杏、李、苹果、梨、山楂、葡萄等，其中以桃、葡萄、刺槐受害最重。

形态特征　成虫长径约 6mm，短径约 4.5mm，扁椭圆形，背部稍隆起，有皱褶，似龟甲状；黄褐色或褐色；腹部末端有臀裂缝；卵长椭圆形，淡黄白色，近孵化时粉红色，外覆蜡粉。初龄若虫扁椭圆形，长径约 0.3mm，淡黄色；触角和足发达，具有 1 对尾毛。越冬若虫虫体周边锥形刺毛达 108 条。3 龄若虫黄褐色，形似雌成虫。

危害症状　成虫、若虫刺吸枝条汁液，树势衰弱。排泄糖蜜状黏液，引起黑霉菌寄生，叶、果污黑。

发生规律　1 年发生 2 代，其他寄主上多为 1 代。2 龄若虫在枝干裂皮缝隙内越冬。黄河故道地区葡萄萌芽期开始活动，固定在枝条上刺吸汁液，4 月虫体膨大，下旬背壳硬化，行孤雌生殖。5 月上旬产卵于介壳下，每雌产卵 1 400~2 700 粒。卵期20~30d。5 月中下旬葡萄始花期若虫孵化，在叶背、嫩枝上危害。6 月中下旬转移到光滑枝蔓、叶柄、穗轴、果粒上固定，继续危害。9 月上中旬第 1 代成虫产卵，下旬孵化，仍先在叶上危害，9 月中旬以后转到枝蔓越冬。

防治方法

（1）冬季或春季葡萄发芽前剥掉裂皮，使虫体暴露出来，然后喷布 5 波美度石硫合剂，或晶体石硫合剂 30 倍液，或 3%~5%柴油乳剂，消灭越冬若虫。

（2）5 月下旬至 6 月上旬第 1 代若虫出壳盛期，喷布 0.5 波美度石硫合剂，或晶体石硫合剂 400 倍液，或 40%乐果乳油 1 000 倍液，或 50%杀螟硫磷乳油 1 500 倍，效果均佳。

二十九、瘤坚大球蚧

瘤坚大球蚧属同翅目蜡蚧科。分布于辽宁、河北、河南、山西、宁夏等省。寄主植物为梨、枣、酸枣、柿、核桃、苹果、山定子、桃、槐、刺玫等。

形态特征 雌成虫体长 8~18mm，半球形，状似钢盔；成熟时体背红褐色，有整齐的黑灰色斑纹。雄虫体长 2~2.5mm，橙黄褐色，前翅发达白色透明，后翅退化为平衡棒，交尾器针状较长。卵长椭圆形，长 0.4~0.5mm，初淡黄渐变淡粉红，孵化前紫红色，附有白色蜡粉。若虫初龄淡黄白色，扁长椭圆形，前端宽钝，向尾端渐狭；眼黑色；足发达；腹端中部凹陷，中央及两侧各有 1 刺突，2 龄（越冬期）体扁平，白色绵状茧内，茧1.2~1.5mm。雄蛹为裸蛹 1.3~1.5mm，淡青黄色。茧白色绵毛状，长椭圆形，长约 2.2mm。

危害症状 雌成虫和若虫在枝干上刺吸汁液，排泄蜜露诱致煤污病发生，影响光合作用，削弱树势。

发生规律 1 年发生 1 代，多以 2 龄若虫于枝干皮缝、叶痕处群集越冬，以 1~2 年生枝上较多。4 月中下旬迅速膨大，5 月间成熟并产卵，6 月大量孵化，分散转移到叶、果上固着危害，秋季 8 月间陆续越冬，至 10 月上旬全部转到枝上越冬。

防治方法

（1）及时剪去虫枝，并及时清理、深埋或焚烧带虫落叶残枝。

（2）加强果园管理，增施有机肥，合理灌水，促进生长，增强树势，提高树体的抗性。

（3）在树液开始流动后积极做好人工抹除工作，减少虫口基数。

（4）保护、利用好天敌，如寄生蜂、瓢虫、蚂蚁等天敌抑制害虫。

（5）在介壳虫若虫孵化盛期（5月中下旬），体表尚未分泌蜡质，介壳更未形成，用48%乐斯本乳油800~1 200倍液，或25%蚧死净乳油800~1 000倍液，或40%速蚧克乳油1 000~1 500倍液，或80%敌敌畏乳油1 500倍液，或0.2~0.3波美度石硫合剂喷雾防治。

三十、咖啡黑盔蚧

咖啡黑盔蚧属同翅目蜡蚧科。分布于福建、江西、广东、广西、云南、贵州、海南等地及北方的温室内。寄主植物为油棕、苏铁、鸭跖草、象牙红、变叶木、龟背竹、吊兰、山茶、柑橘、棕榈、丁香、牡丹、夹竹桃、大叶黄杨、九里香、人心果、石莲、桂花、栀子等。

形态特征　后期的雌成虫半球形，直径约2.5mm，高约2mm，形似钢盔，黄褐色至深褐色，虫体背面高度硬化，光滑有光泽，具有许多圆形或卵形网眼，网眼之间距离约等于网眼的直径；触角7~8节，足细长；幼期和前期雌成虫扁平，浅黄或红色而有暗斑，此期体背常有"H"形纹。卵长椭圆形，长约0.21mm，浅粉红色。初孵若虫椭圆形，浅粉红色或淡黄色，长约0.2mm，足细长，尾须很细，低龄若虫椭圆形，浅黄色，背面呈脊状并有沟，半透明；随龄期增加，背面渐增高，出现红褐色小点，并逐渐增多，体色变为浅红褐色。

危害症状　以雌成虫、若虫在植株的叶片、枝条上吸食汁液，轻者叶片发黄，重者枝、叶上虫体连片，分泌物诱发煤污病，影响花卉的生长和观赏，甚至致其死亡，丧失观赏价值。

发生规律　1年发生2~3代。第1代初孵若虫5月下旬发生，第 2 代初孵若虫 8 月下旬发生，第 3 代 11 月上旬发生。雌成虫将卵产在盔形蚧壳下，每雌虫产卵 300 粒左右，常孤雌生殖，雌成虫产卵后即死亡。

防治方法

（1）剪除受害严重的叶片，刮刷受害较轻的叶片或枝条上的虫体。

（2）若虫孵化盛期喷施 90%敌百虫晶体 1 000 倍液，或 40%氧化乐果乳油 1 000 倍液，或 80%敌敌畏乳油 1 000 倍液，或 2.5%溴氢菊酯等菊酯类农药 2 000~3 000 倍液。

三十一、日本壶链蚧

日本壶链蚧属同翅目壶蚧科。分布于华东和华南等地区。寄主植物为广玉兰、香樟、枫杨、法国冬青、白玉兰、含笑、山茶、栀子、枇杷、木兰和桤木等。

形态特征　雌成虫体长为 5mm 左右，高 4mm 左右。介壳外形似藤条编的茶壶，红褐色，较坚硬，后方有个壶嘴状突起。介壳周围有放射状白色蜡带。若虫椭圆形。

图 86　日本壶链蚧雌成虫

危害症状　危害嫩枝和幼叶。发生严重时，也可危害老枝和主干，导致树势衰弱，影响正常生长，并诱发煤污病，造成树冠变黑。

发生规律　上海和西安地区 1 年发生 1 代，以受精雌成虫在枝条上越冬。翌年春季越冬雌成虫产卵，产卵期可长达 3~4 个月，若虫孵化盛期在 5 月，此时为橘的盛花期、含笑的盛花后期。该蚧在四川地区以卵在雌介壳内越冬，翌年 4 月卵孵化，10 月下旬出现成虫，11 月产卵越冬。初孵若虫从介壳的壶嘴处爬出，先在嫩芽和幼叶上刺吸危害，以后移到 1~2 年生的小枝上固定吸食危害。以后分泌蜡丝将虫体覆盖，最后形成蚧壳。

防治方法

（1）秋冬季刮除或剪掉有虫枝。家庭盆花发生轻者，用牙签剔除。

（2）引进或利用其优势种天敌，如红点唇瓢虫、红环瓢虫、豹纹花翅蚜小蜂、短角跳小蜂和中华草蛉等。

（3）加强虫情调查，越冬期喷施蚧螨灵石油乳剂 150 倍液，防治越冬虫体，并兼治其他越冬害虫。寄主生长期发生严重时，若虫盛孵期喷施 50%优乐昨 3 000 倍液，或花保 80 倍液防治，7d 喷 1 次，连喷 2~3 次即可。发生不严重时，尽量不喷药，以保护天敌。

第十一章　蜡蝉类

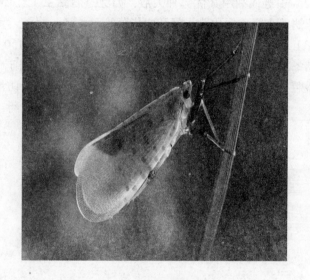

一、斑衣蜡蝉

斑衣蜡蝉属同翅目蜡蝉科。分布于华北、华东、西北、西南、华南以及台湾等地区。寄主植物为樱、梅、珍珠梅、海棠、桃、葡萄、石榴等。

形态特征　成虫体长 14~20mm，全身灰褐色；前翅革质，基部约 2/3 为淡褐色，翅面具有 20 个左右的黑点；端部约 1/3

为深褐色；后翅膜质，基部鲜红色，具有7~8点黑点；端部黑色；体翅表面附有白色蜡粉；头角向上卷起，呈短角突起。卵长圆形，褐色，长约3mm，排列成块，披有褐色蜡粉。若虫体形似成虫，初孵时白色，后变为黑色，体有许多小白斑，

图87　斑衣蜡蝉成虫

1~3龄为黑色斑点，4龄体背呈红色，具有黑白相间的斑点。

危害症状　以成虫、若虫群集在叶背、嫩梢上刺吸危害，栖息时头翘起，有时可见数十头群集在新梢上，排列成一条直线；引起被害植株发生煤污病或嫩梢萎缩、畸形等，严重影响植株的生长和发育。

图88　斑衣蜡蝉若虫

发生规律　1年发生1代。以卵在树干或附近建筑物上越冬。翌年4月中下旬若虫孵化危害，5月上旬为盛孵期；若虫稍有惊动即跳跃而去。经三次蜕皮，6月中下旬至7月上旬羽化为成虫，活动危害至10月。8月中旬开始交尾产卵，卵多产在树干的南方，或树枝分叉处。成虫、若虫均具有群栖性，飞翔力较弱，但善于跳跃。

防治方法

（1）发生严重地区，注重摘除卵块。

（2）结合防治其他害虫兼治此虫，可喷洒常用菊酯类、有

机磷等及其复配药剂，常用浓度均有较好效果。由于虫体特别若虫被有蜡粉，所用药液中如能混用含油量0.3%~0.4%的柴油乳油剂或黏土柴油乳剂，可显著提高防效。

二、长鼻蜡蝉

长鼻蜡蝉属同翅目蜡蝉科。分布于湖南、福建、广东、香港、广西、云南等地。寄主植物为龙眼、荔枝、乌柏、黄皮和桑等。

形态特征 体长20~23mm（从复眼至腹部末端），头突15~18mm，翅展70~81mm。头背面褐色，微带有绿色光泽；头上有向前上方弯曲的圆锥形突起；头部散布有不规

图89 长鼻蜡蝉成虫

则的白点。复眼黑褐色。触角短小，第2节膨大，黑色。胸部褐储色；前胸背板中间有2个深凹的小坑；中胸背板前方有4个锥形的黑褐色斑。腹背黄色，腹面黑褐色，各节后缘为黄色狭带，腹末肛管黑褐色。前翅底色烟褐色，脉纹网状呈绿色并镶有黄边，使全翅呈现墨绿至黄绿色；后翅黄色，顶角有褐色区。足黄褐色。

危害症状 若虫及成虫取食多种南方果树的嫩枝、叶片汁液。

发生规律 1年发生1代，以成虫静伏在果树枝条分叉处下侧越冬。翌年3月上中旬恢复活动，4月后飞翔活跃，5月为交尾盛期，交尾后7~14d开始产卵，卵多产在2m左右高的树干平坦处

和径粗为 5~15mm 的枝条上。每雌虫一般产 1 卵块，每块有卵 60~100 粒，数行纵列成长方形，并被有白色蜡粉。卵期 19~30d，平均 25d 左右。6 月卵陆续孵出若虫，初孵若虫静伏在卵块上 1d 后才开始分散活动。9 月出现新成虫。若虫善弹跳，成虫善跳能飞。一旦受惊扰，若虫便弹跳逃逸，成虫迅速弹跳飞逃。

防治方法

参考斑衣蜡蝉。

三、白蛾蜡蝉

白蛾蜡蝉属同翅目蛾蜡蝉科。分布于广西、广东、福建、台湾等地。寄主植物为茶、油茶、柑橘、荔枝、龙眼、芒果、桃、李、梅、木菠萝、咖啡、石榴、无花果、木瓜、梨、胡椒等。

形态特征　成虫体长从头部到翅端为 19~25mm，白色或淡绿色，体被白色蜡粉；头顶呈锥形突出；颊区具脊；复眼褐色；触角着生于复眼下方；前胸向头部呈弧形凸出，中胸背板发达，背面有 3 条细的脊状隆起。前翅近三角形，顶角近直角，臀角

图 90　白蛾蜡蝉成虫

向后呈锐角，外缘平直，后缘近基部略弯曲；径脉和臀脉中段黄色，臀脉基部蜡粉比较多，集中成小白点；后翅白色或淡绿色，半透明。卵长椭圆形，长径约 0.6mm，横径约 0.35mm，淡黄白色，表面有细网纹，卵粒聚集排列成纵列长条块。若虫体长椭圆形，略扁平，披白色棉絮状蜡质物；翅芽向体后侧平伸，末端平截；腹端有成束粗长蜡丝。

危害症状 成虫、若虫群集在较荫蔽的枝干、嫩梢、花穗、果梗上刺吸汁液，所排出的蜜露易诱发煤污病，致使树势衰弱，受害严重时造成落果或品质变劣。

图91　白蛾蜡蝉若虫

发生规律 广西和福建1年发生2代；以成虫在寄主茂密的枝叶间越冬。第1代孵化盛期在3月下旬至4月中旬；若虫盛发期在4月下旬至5月初；成虫盛发期5~6月。第2代孵化盛期于7~8月；若虫盛发期7月下旬至8月上旬；9~10月陆续出现成虫，9月中下旬为第2代成虫羽化盛期，至11月所有若虫几乎发育为成虫越冬。翌年2~3月天气转暖后，越冬成虫恢复活动，取食、交尾、产卵。

防治方法

（1）结合整形修剪，剪除无效枝、过密枝和着卵枝，以减少虫源。

（2）成虫羽化盛期和若虫盛孵期，用80%敌敌畏乳油或90%晶体敌百虫800倍液加0.2%洗衣粉，或用15% 8817乳或52.25%农地乐乳油，或2.5%溴氰菊酯乳油2 000倍液，或50%马拉硫磷乳油600倍液，或30%双神乳油1 000倍液防治1~2次。

（3）若虫期用竹扫帚扫落若虫，放鸡啄食。

（4）注意保护利用果园原有的天敌。

四、八点广翅蜡蝉

八点广翅蜡蝉属同翅目广翅蜡蝉科。分布于陕西、河南、江苏、浙江、湖北、湖南、福建、台湾、广东、广西、云南等地。寄主植物为茶、油茶、桑、棉、黄麻、大豆、苹果、梨、桃、杏、李、梅、樱桃、枣、栗、山楂、柑橘、咖啡、可可、刺槐等。

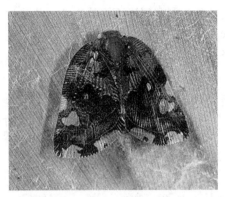

图92　八点广翅蜡蝉成虫

图93　八点广翅蜡蝉若虫

　　形态特征　体长 11.5～13.5mm；黑褐色，疏被白蜡粉；触角刚毛状，短小，单眼 2 个，红色；翅革质密布纵横脉，呈网状，前翅宽大，略呈三角形，翅面被稀薄白色蜡粉，翅上有 6～7

个白色透明斑，后翅半透明，翅脉黑色，中室端有一小白色透明斑，外缘前半部有 1 列半圆形的小白色透明斑，分布于脉间；腹部和足褐色。卵长 1.2mm，长卵圆形，卵顶具一圆形小突起，初为乳白色渐变淡黄色。若虫体长 5~6mm，体略呈钝菱形，翅芽处最宽，暗黄褐色，布有深浅不同的斑纹，体疏被白色蜡粉。

危害症状　成虫、若虫喜于嫩枝和芽、叶上刺吸汁液；产卵于当年生枝条内，影响枝条生长，重者产卵部以上枯死，削弱树势。

发生规律　1 年发生 1 代，以卵于枝条内越冬。5 月间陆续孵化，危害至 7 月下旬开始老熟羽化，8 月中旬前后为羽化盛期。8 月下旬至 10 月下旬为产卵期，9 月中旬至 10 月上旬为盛期。

防治方法

（1）注意冬春修剪，剪除有卵块的枝条集中处理，减少虫源。

（2）危害期结合防治其他害虫兼治此虫。可喷洒菊酯类、有机磷及其复配药剂等，均有较好效果。由于该虫虫体特别是若虫被有蜡粉，所用药液中如能混用含油量 0.3%~0.4% 的柴油乳剂或黏土柴油乳剂，可显著提高防效。

五、柿广翅蜡蝉

柿广翅蜡蝉属同翅目广翅蜡蝉科。分布黑龙江、山东、湖北、福建、台湾、重庆、广东等地。寄主植物茶树、柑橘、苹果、桃、柿、椿、构树、桂花等。

形态特征　成虫体长 7~10mm；头胸背面黑褐色，腹面深褐色。前翅前缘外 1/3 处有一纵向狭长弧形淡黄褐色斑。成虫白天活动，善跳、飞行迅速；成虫交配后产卵，卵长椭圆形，初产时乳白色。初龄若虫，体被白色蜡粉，腹末有4束蜡丝呈扇形，尾端多向上弯儿蜡丝覆于体背。若虫体长3~6mm，钝菱形，翅芽处宽，若虫黄褐色，体被白色蜡质，腹部末端有10条白色绵毛状蜡丝，呈扇状伸出。

图94　柿广翅蜡蝉成虫

图95　柿广翅蜡蝉若虫

危害症状　柿广翅蜡蝉用产卵器刺破枝条的"外皮和组织"留下深深的印痕，导致枝条的水分和营养物质输送带被它截断，新生的树叶生长就很困难，枝梢会渐渐枯萎，而且成虫会用刺吸植物汁液，受害叶片萎缩脱落，枝梢生长停滞直至枯死。

发生规律　1年发生2代，以卵在当年生枝条内越冬。越冬卵一般从4月上旬开始孵化，若虫盛发期在4月中旬至6月上旬，成虫发生期为6月下旬至8月上旬，越冬代产卵期为7月中旬至8月中旬。第1代若虫盛发期在9月上旬至10月下旬。

防治方法

（1）冬春季结合剪枝剪除有卵块的枝条，集中深埋或烧毁，以减少虫源。

（2）在柿广翅蜡蝉危害期用25%扑虱灵（噻嗪酮）可湿性粉剂1000倍液、10%吡虫啉乳油每亩30 mL。由于这种害虫均被有蜡粉，可在药液中添加0.3%~0.4%柴油乳油剂，以提高防治效果。

六、茶褐广翅蛾蜡蝉

茶褐广翅蛾蜡蝉属同翅目广翅蜡蝉科。分布广西、山东等地，寄主植物为荔枝、芒果、柿、山楂、九里香、大小叶女贞、白蝉、黄蝉等。

形态特征 成虫体淡褐色，背面和前端色较深，腹面和后端浅黄褐色。额有 3 条纵脊。前胸背片具中脊；中胸背片长，具中脊 3 条。前翅前缘外方 1/3 处有一近三角形的半透明斑，外缘后半部在翅脉间有一列白色小点。后翅淡烟褐色，后缘色稍浅。后足胫节外侧具刺 2 枚。卵长圆锥形，长 0.9~1.0mm，白色略透明。若虫体长 4.0~4.5mm，宽径 3.3~3.7mm；头部复眼赤红色，额具 3 条纵脊；中胸长且宽，背片也具纵脊 3 条；中脊长且直，两侧脊稍呈弧状，在前端会合；腹部短，约占体段的 1/4。若虫身被白色絮状蜡质物，低龄期较薄，大龄若虫期则增多加厚，并在体背呈放射状地伸出数条丝线，长约 20mm。

图 96　茶褐广翅蛾蜡蝉成虫

图 97　茶褐广翅蛾蜡蝉若虫

危害症状 成虫、若虫喜于嫩枝和芽、叶上刺吸汁液；产卵于当年生枝条内，影响枝条生长，重者产卵部以上枯死，削弱树势。

发生规律 广西1年发生1代，以卵越冬。翌年3月上旬陆续孵化为若虫。若虫于6月上旬羽化为成虫，若虫历期90d以上。成虫于夜间羽化，有群栖习性，常见10多头同时栖息在同一枝条上。成虫于7~8月产卵，卵产入寄主植物组织内，每产卵1粒，产卵口封以胶质物。

防治方法

（1）结合果树的修剪，在若虫孵化前剪除着卵的小枝集中销毁。

（2）密切注意虫情，在若虫低龄时期，可选用15% 8817乳油2 000~2 500倍液，或48%乐斯本乳油1 000~1 500倍液，或40%水胺硫磷乳油（花期、幼果期禁用）1 000倍液，或80%敌敌畏乳油或40%氧化乐果乳1 000倍液等药剂进行喷洒。

七、碧蛾蜡蝉

碧蛾蜡蝉属同翅目蛾蜡蝉科。分布于山东、江苏、上海、浙江、江西、湖南、福建、广东、广西、海南、四川、贵州、云南等地。

形态特征 成虫体黄绿色，顶短向前略突，侧缘脊状褐色。额长大于宽，有中脊，侧缘脊状带褐色。喙粗短伸至中足基节。唇基色略深。复眼黑褐色，单眼黄色。前胸背板短，前缘中部呈弧形前突达复眼前沿，后缘弧形凹入，背板有2条褐

图98 碧蛾蜡蝉成虫

色纵带；中胸背板长，上有3条平行纵脊及2条淡褐色纵带。腹部浅黄褐色覆白粉。前翅宽阔，外缘平直，翅脉黄色，脉纹密布

似网纹，红色细纹绕过顶角经外缘伸至后缘爪片末端。后翅灰白色，翅脉淡黄褐色。足胫节、跗节色略深。静息时，翅常纵叠成屋脊状。卵纺锤形，乳白色。老熟若虫体长形扁平，腹末截形绿色，全身被白色棉絮状蜡粉，腹末附白色长的绵状蜡丝。

危害症状　成虫、若虫刺吸寄主植物枝、茎、叶的汁液，严重时枝、茎和叶上布满白色蜡质，致使树势衰弱，造成落花，影响观赏。

发生规律　1 年发生代数因地域不同而有差异，大部地区 1 年发生 1 代，以卵在枯枝中越冬。翌年 5 月上中旬孵化，7~8 月若虫老熟，羽化为成虫，至 9 月受精雌成虫产卵于小枯枝表面和木质部。广西等地 1 年发生 2 代，以卵越冬，也有以成虫越冬的。第 1 代成虫 6~7 月发生，第 2 代

图 99　碧蛾蜡蝉若虫

成虫 10 月下旬至 11 月发生，一般若虫发生期 3~11 个月。

防治方法

（1）剪去枯枝、防止成虫产卵。

（2）加强管理，改善通风透光条件，增强树势。

（3）出现白色绵状物时，用木杆或竹竿触动致使若虫落地捕杀。

（4）在危害期喷洒 50% 辛硫磷乳油，或 50% 马拉硫磷乳油，或稻丰散乳油或杀螟松乳油，或 80% 敌敌畏乳油，或 40% 乐果乳油，或 90% 晶体敌百虫等 1 000 倍液。

第十二章 蝉 类

一、黑蚱蝉

黑蚱蝉属同翅目蝉科。分布于上海、江苏、浙江、河北、陕西、山东、河南、安徽、湖南、福建、台湾、广东、四川、贵州、云南等地。寄主植物为樱桃、元宝枫、槐树、榆树、桑树、白蜡、桃、柑橘、梨、苹果、樱桃、杨柳、刺槐等。

图 100　黑蚱蝉成虫

形态特征　成虫体色漆黑，有光泽，长约 46mm，翅展约 124mm；中胸背板宽大，中央有黄褐色 "X" 形隆起，体背金黄色绒毛；翅透明，翅脉浅黄或黑色，雄虫腹部第 1~2 节有鸣器，雌虫没有。卵椭圆形，乳白色。若虫形态略似成虫，前足为开掘足，翅芽发达。

危害症状　若虫在土壤中刺吸植物根部，成虫刺吸枝干，产卵造成植物枝干枯死。

图 101　黑蚱蝉若虫

发生规律　多年发生 1 代，以若虫在土壤中或以卵在寄主枝干内越冬。若虫在土壤中刺吸植物根部，危害数年；老熟若虫在雨后傍晚钻出地面，爬到树干及植物茎杆上蜕皮羽化。成虫栖息在树干上，夏季不停地鸣叫，8 月为产卵盛期。以卵越冬者，翌年 6 月孵化若虫，并落入土中生活，秋后向深土层移动越冬，翌年随气温回暖，上移刺吸危害。

防治方法

（1）彻底清除园边的苦楝、香椿、油桐、桉树。

（2）结合修剪，剪除被产卵而枯死的枝条，消灭其中未孵化的卵粒。

（3）树干基部包扎塑料薄膜或透明胶，阻止老熟若虫上树羽化，滞留在树干周围可人工捕杀或放鸡捕食。

（4）在6月中旬至7月上旬雌虫未产卵时，夜间人工捕杀。震动树冠，成虫受惊飞动，由于眼睛夜盲和受树冠遮挡，碰撞落地。另外用稻草或是布条缠裹长的果柄（如沙田柚），或者果实套袋，可避免成虫产卵危害。

（5）5月上旬用50%辛硫磷500～600倍浇淋树盘，毒杀土中幼虫。成虫高峰期树冠喷雾20%甲氰菊酯2 000倍，杀灭成虫。

二、蚱蟟

蚱蟟属同翅目蝉科。分布较广，在我国除最寒冷的地区外都有分布，其中以中部和东部沿海各地最多。寄主植物为苹果、槟沙果、梨、山楂、桃、李、柑橘等。

图102 蚱蟟成虫

形态特征 成虫体长33～38mm，体粗壮，暗绿色，有黑斑纹，局部具白蜡粉；复眼大暗褐色，单眼3个红色，排列于头顶呈三角形；前胸背板近梯形，后侧角扩张成叶状，宽于头部和中胸基部，背板上有5个长形瘤状隆起，横列；中胸背板前半部中央，具1条"W"形凹纹；翅透明，翅脉黄褐色，前翅横脉上有暗褐色斑点；喙长超过后足基节，端达第1腹节。卵长1.8~1.9mm，梭形，上端尖，下端较钝，初乳白渐变淡黄色。若虫体长30~35mm，黄褐色。额膨大明显，触角和喙发达，前胸背板、中胸背板均较大，翅芽伸达第3腹节。

危害症状　成虫刺吸枝条汁液，产卵于1年生枝梢木质部内，致产卵部以上枝梢多枯死；若虫生活在土中，刺吸根部汁液，削弱树势。

发生规律　多年发生1代，以若虫和卵越冬。若虫老熟后出土上树脱皮羽化，成虫7~8月大量出现，寿命50~60d。成虫白天活动，雄虫善鸣以引雌虫前来交配，产卵于当年生枝条中下部木质部内，每雌虫可产卵400~500粒。越冬卵翌年5~6月孵化，若虫落地入土至根部危害。

图103　蚱蟟若虫

防治方法

（1）彻底剪除产卵枝烧毁灭卵，结合管理在冬春修剪时进行，效果极好。

（2）老熟若虫出土羽期，早晚捕捉出土若虫和刚羽化的成虫，可供食用。

（3）可试行树干上和干基部附近地面喷洒残效期长的高浓度触杀剂或地面撒药粉，毒杀出土若虫。

三、蟪蛄

蟪蛄属同翅目蝉科。分布于北至辽宁，南至广西、广东、云南、海南，西至四川，东至舟山群岛。寄主植物为苹果、梨、山楂、桃、李、梅、柿、杏、核桃、柑橘、桑、杨树、泡桐、水杉等。

形态特征 成虫头、胸部暗绿色至暗黄褐色，具黑色斑纹；腹部黑色，每节后缘暗绿或暗褐色；复眼大，头部3个单眼红色，呈三角形排列；触角刚毛状；前胸宽于头部，近前缘两侧突出；翅透明暗褐色，前翅有不同浓淡暗褐色云状斑

图104 蟪蛄成虫

纹，斑纹不透明，后翅黄褐色。卵梭形，乳白色渐变黄，头端比尾端略尖。

危害症状 成虫刺吸枝条汁液，产卵于一年生枝梢木质部内。致产卵部以上枝梢多枯死；若虫生活在土中，刺吸根部汁液，削弱树势。

发生规律 多年发生1代，以若虫在土中越冬。若虫老熟后爬出地面，在树干或杂草茎上脱皮羽化。成虫于6~7月出现，主要白天活动；多在7~8月产卵，产卵于当年生枝条内，每孔产数粒，产卵孔纵向排列不规则，每枝可着卵百余粒，一般当年孵化，若虫落地入土，刺吸根部汁液。

防治方法

（1）彻底剪除产卵枝烧毁灭卵，结合管理在冬春修剪时进行，效果极好。

（2）老熟若虫出土羽化期，早晚捕捉出土若虫和刚羽化的成虫，可供食用。

（3）可试行树干上和干基部附近地面喷洒残效期长的高浓度触杀剂或地面撒药粉，毒杀出土若虫。

四、金 蝉

金蝉属同翅目蝉科。分布于河南、河北、山东、安徽等地。寄主植物为多种果树与林木。

形态特征　成虫体长 40～48mm，翅展约 125mm。全体黑色，有光泽，被有金属光泽。复眼淡赤褐色。头的前缘中央及颊上方各有黄褐色斑一块。中胸背板宽大，中央有黄褐色"X"形隆起。前后翅透明，前翅前缘淡黄褐色，基部黑色，亚前缘室黑色，前翅基部 1/3 黑色，翅基室

图 105　刚羽化的金蝉成虫

黑色，具一淡黄褐色斑点；后翅基部 2/5 黑色，翅脉淡黄色及暗黑色。足淡黄褐色。雄性腹部第 1、2 节有鸣器；雌性无鸣器，有听器，腹瓣很不发达，产卵器显著而发达。卵长椭圆形，微弯曲；长约 2.5mm，宽约 0.5mm；乳白色，有光泽。若虫黄褐色，具翅芽，能爬行，1 龄的前足即表现为明显的开掘式；末龄若虫体长 35mm，黄褐色，前足开掘式，翅芽非常发达。

危害症状　若虫在土壤中刺吸植物根部，成虫刺吸枝干，产

卵造成植物枝干枯死。

发生规律　3~5年发生1代，以卵在当年生或二年生枝条上和若虫在土壤中植物根际越冬。越冬卵翌年5月中旬孵化，5月下旬至6月上旬为孵化盛期。成熟若虫于5月下旬至8月中下旬出土，爬行到灌木枝条、杂草茎干等处，用爪及前足的刺固着于树皮枝叶上，蜕皮羽化为成虫。6月中旬至7月中旬为成虫出现盛期，10月上旬为末期。成虫羽化后20d左右，交尾产卵，6月下旬开始产卵，6月底至8月下旬为成虫产卵盛期，9月上旬至10月上旬为产卵末期。成虫的终见期为11月上旬。

防治方法　参见黑蚱蝉。

第十三章　绵蚜类

一、苹果绵蚜

　　苹果绵蚜属同翅目瘿绵蚜科。分布于山东、天津、河北、陕西、河南、辽宁、江苏、云南，西藏等地。寄主植物为苹果、梨、山楂、花楸、李、桑、榆、山荆子、海棠、花红等。

　　形态特征　有翅胎生雌蚜体长 1.7～2.0mm。体暗褐色，头胸黑褐色，腹部红褐色；身体上覆被有白色蜡质絮状物；复眼红黑色，具眼瘤；触角6节，第3节特长；无翅胎生雌蚜体长1.8~2.2mm，呈倒卵圆形，暗红褐色，体侧具瘤状突起，着生短毛，身体上被以白色蜡质的绵状物，较有翅蚜厚；头部无额瘤；触角6节，无次生感觉孔；复眼红黑色，有眼瘤。性蚜极少见，雌蚜体长约1mm，触角5节，身体为浓橙黄色，体隆起，口器退化。雄虫体长约

图106 苹果绵蚜

0.7mm，暗黄绿色，触角5节，口器退化。卵椭圆形，长约0.5mm，初为橙黄色，后为黄褐色。表面光滑，外覆白粉。

危害症状 苹果绵蚜群集在寄主的枝干及根部吸取汁液，被害部膨大如瘤状，并破裂，严重影响树势和结果。

发生规律 山东胶东1年发生8~9代，以1龄和少数2龄若虫在树体上群聚越冬。翌春4月初开始危害。5月上中旬为田间蔓延阶段，6~7月中旬大量繁殖、蔓延、扩散，7月下旬至8月中旬随气温升高虫口迅速下降。9

图107 苹果绵蚜无翅胎生蚜危害状

月以后数量略有上升，至11月上旬越冬。

防治方法

（1）加强检疫，防止扩散蔓延。

（2）越冬虫群尚未分散前用内吸性杀虫剂如40%甲胺磷乳

油 50 倍液制成药泥涂抹被害处。

（3）在 5 月上中旬，在该虫发生初期，用 48% 乐斯本乳油或 10% 吡虫啉可湿性粉剂或 3% 啶虫脒乳油 1 500 倍液等，重点喷透树干、树枝的剪锯口、伤疤、隙缝等处，并在药液中混加碳酸氢胺 300 倍液、洗衣粉 300 倍液、害立平 1 000 倍液共用，可明显提高药效。

（4）在距主根 50cm 处挖坑灌根，可用 40% 氧化乐果乳油或 40% 甲胺磷乳油 100~200 倍液。

二、甘蔗绵蚜

甘蔗绵蚜属同翅目蚜科。分布于华东、华南、西南、台湾等甘蔗产区。寄主植物为甘蔗、茭白、柑橘、芦苇、大芒谷草等。

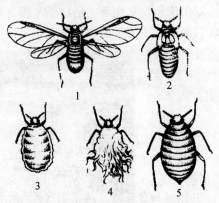

图 108　甘蔗绵蚜
1. 有翅胎生雄蚜　2. 有翅若虫　3. 有翅雌蚜夏型　4. 无翅雌蚜冬型　5. 无翅胎生雌蚜

形态特征　无翅胎生雌蚜体长约 1.9mm，卵圆形，黄褐色至暗绿色或灰褐至橙黄色，体色变化大；头、胸、腹紧连在一起，前边具 2 个小角状突；体背覆有白色棉絮状蜡质；触角 5 节，短、浅黄色。有翅胎生雌蚜体长约 2.5mm，长椭圆形，头部、胸部黑褐色；腹部、足为黄褐色至暗绿色；翅透明，前翅前缘脉和亚前缘脉之间具一灰黑色翅痣；触角 5 节，为体长的 1/4，1~2 节短且光滑；前胸背板中央具四角形大胸瘤；腹管环形，体表不覆蜡粉。有翅若虫胸部裸露，中间发达，两侧露有翅芽，腹背有白蜡物，触角 4~5 节。无翅若蚜胸腹部背面均被有白色蜡物，触角 4 节，共 4 龄。

危害症状　以成虫、若蚜群集在茎尖、蔗叶背面中脉两侧吸食汁液，致叶片变黄、生长停滞、蔗株矮小，且含糖量下降，制糖时难于结晶。此外，绵蚜分泌蜜露易引致煤污病。

图 109　甘蔗绵蚜危害状

发生规律　南方蔗区 1 年发生 20 多代，世代重叠。以有翅胎生雌蚜在禾本科植物或秋植、冬植蔗株上越冬。翌春留在原处或迁飞到其他蔗株上危害，并营孤雌生殖。广东、广西有翅蚜发生在 9 月底至翌年 6 月，无翅型蔗蚜则整年发生，迁飞期有 3 次：第 1 次 6 月从越冬处向大田迁飞；第 2 次是 8~9 月田间扩展；第 3 次是 11 月由成熟的蔗株迁飞至越冬场所或秋植蔗田。我国台湾于 10~11 月开始发生，翌年 3~4 月进入发生盛期。

防治方法

（1）调整甘蔗种植布局，避免连片种植。

（2）蚜虫发生严重时适时灌水。

（3）掌握在春季有翅蚜迁飞期和 6~8 月点片发生时，喷洒 40%乐果乳油 1 000 倍液，或 50%敌敌畏乳油 1 500 倍液，或 40%蚜灭多乳油 1 000~1 500 倍液，或 50%抗蚜威可湿性粉剂 2 000 倍液。

（4）必要时可用 40%乐果乳油 10 倍液于甘蔗苗期未形成茎节前，用胶皮滴管把药液滴在幼苗基部，每株滴 2mL，防效优异；也可用 20%丁硫克百威乳油 3 000 倍液或 35%甲基硫环磷乳油 3 000 倍液，优于抗蚜威。

三、秋四脉绵蚜

秋四脉绵蚜属同翅目瘿绵蚜科。分布于北京、上海、江苏、浙江、天津、辽宁、山东、河南、河北、湖北、云南、黑龙江、新疆、台湾等地。寄主植物为榆、榔榆、白榆、小麦、狗尾草、牛筋草、玉米、高粱等。

形态特征 无翅孤雌蚜体长 2.0~2.5mm，椭圆形，体杏黄色、灰绿色或紫色，体被呈放射状的蜡质绵毛；触角 4 节，短；喙短且粗，呈矛状，超过前足基节；腹管退化；尾片半圆形，有 5~7 根毛。有翅孤雌蚜体长

图 110 秋四脉绵蚜

2.5~3.0mm；头、胸部黑色，腹部灰绿色至灰褐色；触角 4 节；前翅中脉不分叉，共 4 条，后翅中脉 1 条，没有腹管。卵长椭圆形，长 1mm，初黄色后变黑色，有光泽，一端具 1 微小突起。

危害症状 以成蚜、若蚜在榆树嫩梢、叶片上危害。危害榆树时形成红色袋状竖立在叶面上。

发生规律 河南、宁夏1年发生10多代，以卵在榆树枝干、树皮缝中越冬。翌年4月下旬越冬卵孵化为干母若蚜，爬至新萌发的榆树叶背面固定危害，5月上旬在受害叶面形成紫红色或黄绿色无刺毛的袋状虫瘿，干母独自潜伏在其中为害，5月中旬干母老熟，在虫瘿中胎生仔蚜，即干雌蚜的若蚜，每只干母能繁殖8~15头或更多，5月下旬至6月上旬，有翅干雌蚜（又称春季迁移蚜）长成，迁往高粱、玉米根部胎生繁殖危害，9月下旬又产生有翅性母，飞回榆树枝干上产生性蚜，交配后产卵越冬，每雌虫产1粒卵，产在体下。天敌有食蚜瓢虫、食蚜蝇等。

防治方法

（1）树干涂白。秋末冬前，树干涂白涂剂或黄泥浆，封闭集结在树皮缝等处的蚜群及其所产的越冬卵。

（2）根型蚜危害严重时，用40%乐果乳油1kg加氯化铵化肥25~30kg，对水500kg，浇淋根部；干旱时要注意防止药害。

（3）有条件地区也可用50%辛硫磷乳油1 500倍液灌根。

四、女贞卷叶绵蚜

女贞卷叶绵蚜属同翅目瘿绵蚜科。分布于四川、贵州、云南、陕西等地。寄主植物为大叶女贞。

形态特征 干母体卵圆形，长约4mm；初孵化的若虫淡黄色，腹末被有少量蜡粉；老熟若虫体灰褐色，有发达的蜡片，能分泌大量蜡粉，体上常布满白色的蜡粉和蜡丝。有翅干雌翅展约6mm，黑色翅庭，前翅靠近亚前沿脉外有一条黑色边线，脉宽约3.1mm，体黑褐至褐色，翅透亮，前翅有4条纵脉，头盖缝延伸到后缘，触角6节，第6节有次生感觉圈，尾片毛10~12根，尾极毛40根。有翅孤雌蚜椭圆形，长约3.4mm，头胸黑褐色至黑色，腹部蓝灰色，身体上有多对蜡片；前翅纵脉4根，镶窄黑边；无腹管。

危害症状 以若蚜寄生在大叶女贞嫩梢、叶片背面危害，造成叶片向反面纵卷或畸形卷缩。

发生规律 陕西1年发生2代，以卵在大叶女贞枝干上及其周围杂草上越冬，翌年4月中旬越冬代卵开始孵化，4月下旬至5月上旬是第1代若虫发生高峰期，5月下旬有翅干雌迁出越夏，寄主尚不明。9月上旬，有翅成虫迁回大叶女贞上繁殖危害，出现第2次高峰，10月中下旬产生有翅性蚜，性蚜交尾飞到越冬寄主上产卵越冬。

防治方法

（1）及时摘除虫叶、刮除虫疤，减少虫源。

（2）休眠期用刀刮或刷子刷，消灭越冬若虫。

（3）4~5月和9~10月用40%氧化乐果乳油或50%抗蚜威可湿粉100~200倍液灌根；或在4月中旬或10月上中旬根施5%涕灭威颗粒剂200~250g/株，施药后覆土。

（4）在主干或主枝上用刀具浅刮6cm宽的皮环，将10%吡虫啉可湿粉30~50倍液涂成药环，涂药后用塑料布包好。

（5）发生季节进行树上喷药（6月、10月各喷1次），药剂有10%吡虫啉可湿粉2 000倍液，或48%乐斯本乳油1 500倍液，或2.5%扑虱蚜可湿粉1 000倍液，或5%啶虫脒可湿粉2 000倍液，或22%吡·毒乳油2 000倍液。

五、苹果根爪绵蚜

苹果根爪绵蚜属同翅目绵蚜科。分布于山东、宁夏、浙江、陕西等地。寄主植物为苹果、沙果、榆树、山楂等。

形态特性 1年经历干母、有翅干雌、无翅侨蚜、有翅性母蚜、雄性蚜、卵等各种虫态，但以无翅侨蚜成蚜和有翅性母若蚜在苹果树根部危害为主。无翅侨蚜成蚜体长卵圆形，长约1.48mm，宽约0.85mm。各附肢褐色，其余淡褐色或淡色，体背毛细长尖；触角5节，为体长的0.18倍；原生感觉圈有长睫；足各节短小；腹管短；尾片末端圆形，有毛3根。尾板有毛22根。

危害症状 少量在枝条、树皮裂缝，大量无翅蚜在地下0.2~0.5m处。主要危害果树根梢，入土前危害近地面枝条，在细根先端刺吸汁液，受害处枯死、腐烂。由于受害根系坏死，直接影响水分和养分的吸收，致使树势衰弱，叶小色淡，结果少，果品质量下降，重则枝叶萎蔫枯死，甚至全株枯死而绝收。

发生规律 山东1年发生9代，以卵在榆树、山楂树枝干粗皮裂缝中及苗木的剪口、伤口等处越冬。翌年3~4月初，榆树或山楂树展叶时，越冬卵孵化为干母蚜，并与其后代有翅干雌成蚜共同危害榆叶。5~6月，有翅干雌成蚜迁飞到苹果园，先危害近地面枝条上叶片，继而入土危害苹果树根梢，同时孤雌生殖，产下无翅侨蚜重点危害。无翅侨蚜可孤雌繁殖3~5代，9月中旬，产有翅性母蚜，继续危害苹果树根梢，10月出土迁至榆树或山楂树上，产生性蚜产卵越冬。

防治方法

（1）疫区禁止育苗和调出接穗。

（2）在苹果园附近禁止种植榆树和山楂树。

（3）5月初有翅干雌成蚜迁飞到苹果园，然后入土繁殖危害。在有翅干雌成蚜向果园迁飞之前，进行全园地膜覆盖，阻隔该蚜入土，可有效防治其危害苹果树根系。

（4）在发生严重区，可扒开树干周围1m内的土壤，露出根部，每株撒5%辛硫磷颗粒剂2~2.5kg。原土覆盖，杀根部蚜虫。

（5）刮除枝干上粗裂老皮，集中烧毁灭蚜；6~9月，将磷化铝片以$3.3g/m^2$放入地下0.5m处，膜下熏蒸，防效达95%以上。也可用 48% 乐斯本乳油 1 000~2 000 倍液，或 10% 吡虫啉可湿性粉剂 2 000~3 000 倍液喷布苹果树下部枝条叶片和地表面，可有效杀死枝条叶片和土表层的绵蚜。分别于 4 月下旬苹果展叶至初花期，5 月中旬至 6 月初普遍蔓延期防治，全年 2~3 次，连续防治 2 年，可基本控制。

第十四章　壁虱类

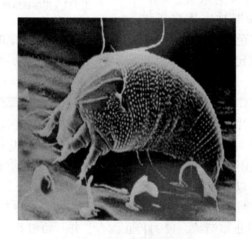

一、柑橘锈壁虱

　　柑橘锈壁虱属蜱螨目，瘿螨科。国内各柑橘产区均有分布。寄主植物为柑橘。

　　形态特征　雌成螨体长 0.1~0.15mm，略扁平，前端大后端尖，侧面观似纺锤形，淡黄色至橙黄色；体前部有足 2 对，腹部有背片 28~32 个，腹片 56~64 个，形似环纹。卵扁圆球形，直径 0.02~0.04mm，透明有光泽，初无色至灰白色，孵化前淡黄色。初孵螨略呈三角形。若螨形似成螨，但体较小，半透明，

1龄灰白色，2龄淡黄色。

危害症状 以成虫、若虫、幼螨群集在柑橘叶片、果实、枝条上，刺吸柑橘组织汁液。叶片受害后叶背出现黑褐色，极易脱落。幼果被害导致大量落果；中期果实被害，影响膨大；后期被害果皮黑

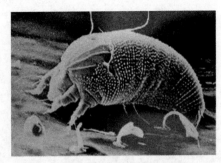

图111 柑橘锈壁虱

褐色或紫红色，外观极差，失去商品价值。受害严重的树体光合作用、新陈代谢受阻，早落叶，营养积累差，明显影响翌年开花结果。

发生规律 以成螨在柑橘腋芽、卷叶、僵叶内或过冬果实的果梗处、萼片下越冬。北亚热带橘区1年发生18代，中亚热带橘区1年发生22代，南亚热带橘区1年发生24~30代。越冬成螨在日均气温上升到15℃左右时（3月前后）开始取食危害和产卵等活动，以后逐渐向新梢迁移，聚集在叶背的主脉两侧危害，5~6月份蔓延至果面上，6月下旬起繁殖迅速，7~10月为发生盛期，11月虫口渐减，12月停止发育，并开始越冬。

防治方法

（1）改善果园环境，旱季适当灌水，以保持园内生态，促使捕食螨、多毛菌等天敌的繁殖。

（2）园内在毛菌流行时尽量避免使用杀菌剂，应停止使用铜制剂。

（3）当螨口密度达视野2~3头或少数树有个别果实呈现黑皮时立即喷药防治。常用药剂有晶体石硫合剂250~300倍液，或1.8%阿维菌素乳油3 000~4 000倍液，或20%双甲脒（螨克）乳油1 500~2 000倍液。

二、葡萄锈壁虱

葡萄锈壁虱属蜱螨目瘿螨科。分布于辽宁、河北、山东、山西、陕西等地，寄主植物为葡萄。

形态特征 雌成螨体长 0.1～0.3mm，白色。圆锥形似胡萝卜，密生 80 余条环纹。近头部有足 2 对，腹部末端两侧各生 1 条细长刚毛。雄虫体形略圆；卵椭圆形，淡黄色。若螨与成螨相似，体小。

危害症状 以成虫、若虫、螨在叶背刺吸汁液，初期被害处呈现不规则的失绿斑块。表面形成斑块状表面隆起，叶背面产生灰白色茸毛。后期斑块逐渐变成锈褐色，被害叶皱缩变硬、枯焦。严重时也能危害嫩梢、嫩果、卷须和花梗等，使枝蔓生长衰弱，产量降低。

发生规律 1 年发生多代，成螨群集在芽鳞片内绒毛处，或枝蔓的皮孔内越冬。翌年芽膨大时开始活动危害，展叶后爬到叶背绒毛下吸食汁液，产卵繁殖。严重时嫩梢、卷须、果穗均能受害。喜在幼嫩叶片上危害。6～7 月受害最重，9 月以后潜入芽内越冬。

防治方法

（1）早春芽膨大期喷布 4～5 波美度石硫合剂液，或晶体石硫合剂 30 倍液。

（2）葡萄展叶以后喷布 0.3～0.5 波美度石硫合剂液，或 50% 硫悬浮剂或晶体石硫合剂 300 倍液。

（3）从有该螨发生地区引入苗木或插条时，用发芽前喷布的药液浸沾以后再栽植。

三、枣锈壁虱

枣锈壁虱属蜱螨目瘿螨科。分布广泛，以河南、河北、山西、山东、甘肃、宁夏、安徽、浙江等枣区危害最重。寄主植物为枣。

形态特征　成虫体长 1.0~1.4mm，蠕虫状，体形似胡萝卜，前宽后狭，橙黄色，腹部密生环纹；前体有足 2 对，体末有 1 对吸盘和 2 根长毛。若虫形似成虫，初期白色，渐变黄绿色。卵球形，乳白色半透明，有光泽。

图 112　枣锈壁虱成虫

危害症状　成虫和若虫刺吸嫩枝、嫩芽、枣吊、叶、花和果实。叶片受害后，基部和叶脉边缘部分先呈现灰白色，有光泽，后逐渐扩展到全叶，此时叶片加厚苍白、变脆、卷曲。芽枯干，叶片增厚、变脆，早期脱落。花受害焦枯脱落，逐渐变为褐色，甚至引起凋落。幼果受害脱落，大果产生褐色锈斑。

发生规律　1 年发生 15 代左右。成虫在枣股芽鳞缝隙内越冬。翌年 4 月中下旬枣树萌芽期开始出蛰活动，刺吸芽、叶汁液。5 月下旬进入危害盛期，多集中在叶背叶脉两侧，靠近叶柄处最多。6 月虫口密度最大，严重时每叶有虫百头以上。一般树冠处围虫多，砂壤土地的枣树受害重，砂岗地较轻。7 月以后虫口数量渐减，8 月中旬以后进入越冬状态。

防治方法

（1）结合冬剪刮除树上的老皮、翘皮，并集中烧毁，以消灭越冬害虫。

（2）保护和利用天敌，做好检测预报。

（3）枣树发芽前喷布 5 波美度石硫合剂液，或晶体石硫合剂 50 倍液。5 月中下旬生长时期，间隔 10d 连喷 2 遍 50%硫悬浮剂 300~400 倍液，或 0.3~0.4 波美度石硫合剂。

四、梨锈壁虱

梨锈壁虱属蜱螨目瘿螨科。分布于河北、河南、山东、山西、陕西等省梨区。寄主植物为梨树。

形态特征 成虫体微小，肉眼不易看到，体长约 130μm，宽约 49μm，形似胡萝卜，前端粗向后渐细，油黄色半透明，尾端具 2 根较长刚毛。卵微小，圆形，半透明。若虫体细长，黄白色。

危害症状 成虫和若虫在嫩枝、嫩叶上吸取汁液，5~6 月，新梢受害最严重，受害的梨树梢头呈灰色，缺乏光泽，变为灰褐色，叶片向下卷缩、变小、变脆，由于叶片卷缩，叶表绒毛增密，全树梢头都呈银灰色；最后受害叶片脱落，留下光秃的梢尖，树势变弱，不能分化顶花芽。目前，该病在各地发生普遍，严重影响了树体的生长与花芽的形成。

发生规律 1 年发生 3 代，第 1 代 5~6 月，第 2 代 7~8 月，第 3 代即越冬代若虫 9 月初至 9 月下旬。梨开花期越冬成虫即开始活动，在 5 月高温干燥季节大量发生危害。梨锈壁虱个体非常小，仅凭肉眼难以看到，如不仔细检查，通常到 6~7 月梨园受害症状明显时才能发现。

防治方法

（1）冬、春进行清园，消灭越冬成虫。

（2）5 月下旬，若发现个别梢头受害变色，用 15%哒螨酮乳油 3 000 倍液，或 5%霸螨灵乳油 3 000 倍液进行防治。防治 2~3 次，可取得明显效果。

（3）为加强树势，增加营养，可在喷药时加入 0.3% 的尿素（未结果幼树）或 0.3% 的磷酸二氢钾（结果树），或其他叶面肥，促进树体生长、花芽形成与果实膨大。

五、山茶花锈壁虱

山茶花锈壁虱属蜱螨目瘿螨科。分布于重庆、浙江、四川、江西等地。寄主植物为山茶花。

形态特征 成虫体长 0.1mm 左右，初为淡黄色，后为橙黄色或肉红色，足两对。卵圆球形，灰白色，半透明。若螨似成虫，体灰白色至浅黄色。

危害症状 以成螨、若螨危害山茶的嫩叶嫩梢，使叶片背面变黄，似生锈一样，叶片扭曲、变脆，缺乏光泽，叶背发生茸毛，茸毛初为灰白色，逐渐变为茶褐色，最后呈黑褐色；严重的无法再生长新梢。

发生规律 1 年发生 10 多代，在芽的鳞片缝隙或秋梢叶内过冬，4 月中下旬开始活动，产卵，6~10 月危害较严重。锈壁虱喜欢在遮阳处，由树冠下部、内部逐渐向上、向外蔓延。

防治方法

（1）锈壁虱在高温干旱的气候条件下，繁殖最快，所以要做好圃地降温喷水，对已受锈壁虱危害的叶片要及时剪除。

（2）可用 1.8% 阿维菌素 5 000 倍液加 4.5% 高效氯氢菊酯 1 500 倍液，或用 15% 哒螨灵 2 000~3 000 倍液喷药；也可用洗衣粉 50g、柴油 10mL 加水 10kg 搅拌均匀喷雾防治。

六、荔枝瘿壁虱

荔枝瘿壁虱属蜱螨目瘿螨科。分布于各荔枝、龙眼产区。寄主植物为荔枝、龙眼。

形态特征　成螨体长 154~192μm，宽 52~61μm，长圆筒形，乳白色或灰白色至淡红色；胸部盾状，近三角形；腹部 70~72 节，足 2 对，由 5 节组成，末端有爪，爪上具放射状刺；腹部末节背部有长毛 2 根；生殖板孔开口在 6~7 腹节下面。若螨没有

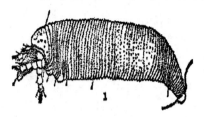

图 113　荔枝瘿螨成螨

生殖板，与成螨相似。卵圆形至近圆形，无色至乳白色，表面光滑。

危害症状　以成螨、若螨危害嫩梢、叶片、花穗及幼果，吸食汁液，致受害叶片出现黄绿色斑块，病斑凹陷，正面突起形成虫瘿状，背面凹陷处长出浓密的初乳白色后深褐色的绒毛，似毛毡。致受害叶变形，扭曲不平。花器受害畸形、膨大，成簇不结果实。

发生规律　广东、广西、福建 1 年发生 10 代以上，世代重叠，一般 1~2 月螨体多存树冠内腔的晚秋梢或冬梢受害叶毛毡基部越冬，2 月下旬至 3 月陆续迁至春梢嫩叶或花穗上危害繁殖。4 月上旬后迅速增殖，5~6 月密度最大，受害最重。以后各期也常受害。新若螨在嫩叶背面及花穗上危害 5~7d 后，就出现黄绿色斑块，受害处表皮受刺激后也长出白色绒毛，后变黄褐色至鲜褐色。

防治方法

（1）冬季清园后喷洒 0.4 波美度石硫合剂，或 50%硫悬浮剂 300 倍液，以减少虫源。

（2）果树放梢前或幼叶展开前或花穗抽出前交替喷洒，20%顽虫敌 1 000 倍液，或 73.3%绝螨 2 500 倍液，或 20%哒螨酮乳油 2 000 倍液。

第十五章　白蚁类

一、山林原白蚁

山林原白蚁属等翅目原白蚁科。分布于台湾、广东、广西、云南、湖南、浙江等地。寄主植物为楮、栎、松、楠、桤、中华五加、紫荆、狭叶泡花树、杨桐、乌饭树、冬青、金叶白兰、长苞铁杉等。

形态特征 兵蚁头后部赤褐色，前部黑色；上颚及触角黄褐色；胸、足黄色，节间杂有褐色；腹部黄白色，隐约透出腹内黑褐色物质；头部扁，近似卵圆形，最宽处在头的中段，往前逐渐狭窄。头后缘向后方作弧形突出，头顶扁，中央有一微凹坑。

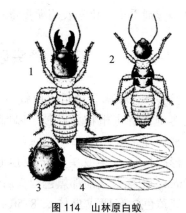

图 114 山林原白蚁
1. 兵蚁 2. 具翅成虫 3. 具翅虫头部 4. 翅

有翅成虫头赤褐色，胸、腹黄褐色。触角及腿节、附节暗黄色；全身披有稀疏毛；头近似圆形，前缘稍平，后线及两侧圆；复眼大而圆，无单眼。蚁王体长 13～15mm，蚁后体长 14～16mm，腹部膨大，最宽处达 5～6mm。蚁卵长椭圆形，米黄色，大小是 1.70mm×1.20mm。幼蚁和若蚁 1、2 龄幼蚁体白色，无显著翅芽。若蚁的头部和背板黄褐色，腹部黄白色，接近羽化时体色变深。工蚁一般体黄褐色，腹部色较淡。体长 10～14mm。

危害症状 有的虽有明显蚁道与地下相通，但没有巢是建在泥土里的。对活树从根部或根颈部侵入，逐渐向内向上蛀蚀；伐倒木从两头截面伤痕处或靠地面处侵入。

发生规律 山林原白蚁的卵约经 1 个月左右孵化出幼蚁，2 龄以后幼蚁开始品级分化，一部分变为工蚁和兵蚁，一部分变为若蚁。若蚁经 8 个月后变为老熟若蚁，当年 11～12 月开始产生翅芽，于翌年 7 月中下旬羽化为成虫，8 月中下旬群飞进行繁殖。

防治方法

山林原白蚁的防治应以处理蚁巢为主。可采用灭蚁灵粉剂喷杀、烟雾剂熏杀、化学农药灌巢毒杀，并加强木材检疫。

二、铲头砂白蚁

铲头砂白蚁属等翅目木白蚁科。分布于广东、广西、福建、海南等地。寄主植物为荔枝、咖啡、榕树、椰子、黄槿、无患子、枫杨等。

形态特征　兵蚁头长至额顶 0.97～1.13mm，头宽 1.22～1.40mm；上颚及头前部黑色；头后部暗赤色；触角、触须、胸、腹皆淡黄色。有翅成虫体长 8.50～8.80mm，头赤褐色，触角、下颚须、上唇褐黄色。

危害症状　为纯粹木栖型白蚁。从分群后的一对脱翅成虫钻入木质部创建群体开始，其取食、活动基本局限于木材内部，与土壤没有联系，不需要从外部获得水源，不筑外露蚁路，过着隐蔽的蛀蚀生活。除蛀蚀室内木构件外，常在野外的林木和果树建立群体。群体由数十只至数百只所组成。

发生规律　若蚁与群体隔离后，经 7d 左右能形成补充繁殖蚁。初期补充繁殖蚁可能很多，但最终只剩 1 对被保留，其余繁殖蚁互相残杀而死亡。具有原始繁殖蚁的群体不产生补充繁殖蚁。补充繁殖蚁同样能产卵、孵化，是建立新群体的另一条重要途径。有翅成虫在 1 年中各个月均可出现，但分群在我国以 4～6 月居多。在不利的环境条件下或群体衰老时，有产生较多有翅成虫的趋向。

防治方法

（1）严加检疫。经检查确认无白蚁后，方准放行。更要防患国外种类传入我国危害。

（2）用五氯酚、林丹合剂（五氯酚 5%、林丹 1%、柴油 94%），或五氯酚、氯丹合剂（五氯酚 5%、氯丹 1%、柴油

94%），或硼酚合剂（硼砂40%、硼酸20%、五氯酚钠40%，配成5%水溶液使用），铜、铬、砷（CCA）合剂等处理木材，能有效地防止脱翅成虫钻入木材建立新群体。

三、台湾乳白蚁

台湾乳白蚁属等翅目鼻白蚁科。分布于北京、河北、山东、陕西及安徽以南的各省（区），是危害房屋建筑、桥梁和四旁绿化树木最严重的一种土、木两栖白蚁。

形态特征　兵蚁体长5~6mm，头及触角浅黄色，卵圆形，腹部乳白色；头部椭圆形，上颚镰刀形，前部弯向中线。左上颚基部有一深凹刻，其前方另有4个小突起，愈向前愈小；颚面其他部分光滑无齿；上唇近于舌形。触角14~16节；前胸背板平坦，较头狭窄，前缘及后缘中央有缺刻。有翅成虫体长7.8~8.0mm，头背面深黄色，胸腹部背面黄褐色，腹部腹面黄色；翅为淡黄色；复眼近于圆形，单眼椭圆形，触角20节；前胸背板前宽后狭，前后缘向内凹；前翅鳞大于后翅鳞，翅面密布细小短毛。卵长径约0.6mm，短径约0.4mm，乳白色，椭圆形。工蚁体长5.0~5.4mm，头淡黄色，胸腹部乳白色或白色；头后部呈圆形，而前部呈方形；后唇基短，微隆起；触角15节；前胸背板前缘略翘起；腹部长，略宽于头，被疏毛。

危害症状　危害林木时，在树干内筑巢，使之生长衰弱，甚至枯死。

发生规律　蚁的生活史有卵、若虫、幼虫、成虫四个阶段，共8~10周。蚁后终生产卵。工蚁是做工的雌蚁；兵蚁较大，保卫蚁群。每年一定时期，许多种有翅的雄蚁和蚁后，飞往空中交配。雄蚁不久死去，受精的蚁后建立新巢。

防治方法

（1）建筑物预防可喷 50%氯丹乳油 100 倍液。

（2）将 0.1g 的 75%灭蚁灵粉、2g 红糖、2g 松花粉、水适量，制成毒饵进行诱杀。先将红糖用水溶开，再将灭蚁灵和松花粉拌匀倒入，搅拌成糊状，用皱纹卫生纸包好，或直接涂抹在卫生纸上揉成团即可。

（3）在白蚁活动季节设诱集坑或诱集箱，放入劈开的松木、蔗渣、芒萁等，用淘米水或红糖水淋湿，其上覆盖薄膜和泥土，7~10d 后将诱集的白蚁集中用 75%灭蚁灵粉进行杀灭。

四、黄翅大白蚁

黄翅大白蚁属等翅目白蚁科。分布于浙江、江西、湖南、福建、广东、广西、云南等南方省区。寄主植物为杉木、水杉、刺槐、泡桐、板栗等，以及房屋和家具。

形态特征　有翅成蚁头、胸和腹背面红褐色，前胸背板中央有一淡色的"+"形纹；翅黄色，足棕黄色。大兵蚁头部特别大，最宽处位在头壳的中后部，深黄色；上颚粗壮、镰刀状，黑色，右上颚无齿。小兵蚁体形比大兵蚁小得多，体色较淡；头卵圆形，后侧角圆形。大工蚁头圆形，棕黄色；胸腹浅棕黄色，前胸背板宽约

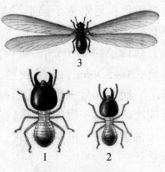

图 115　黄翅大白蚁
1. 大兵蚁　2. 小兵蚁　3. 有翅成虫

为头宽的一半，前缘翘起；腹部膨大如橄榄形。小工蚁体色比大工蚁浅，其余与大工蚁略同。蚁后头、胸部黑褐色，无翅，腹部

椭圆形，红褐色。

危害症状　黄翅大白蚁营巢于土中，取食树木的根茎部，并在树木上修筑泥被，啃食树皮，亦能从伤口侵入木质部危害。苗木被害后常枯死，成年树被害后，生长不良。此外，还能危及堤坝安全。

发生规律　该蚁在地下 $1 \sim 2m$ 深处营巢，每年 $4 \sim 6$ 月，有翅繁殖蚁进行分群繁殖，一般分飞 $5 \sim 10$ 次，多在闷热或大雨前后的傍晚分飞出巢。经短期飞翔、脱翅、配对，然后在适当的地方入土筑新巢。营巢后 $6 \sim 7d$ 开始产卵，卵期 $40d$ 左右，若蚁经 4 个多月发育成工蚁，经 $7 \sim 8$ 个月发育成有翅成蚁。有翅成蚁有趋光性。白蚁类活动隐蔽，喜欢阴暗温暖潮湿的环境。

防治方法

（1）根据其被泥蚁路、分飞孔，在树下、树干地下部分等处，寻找蚁路挖毁蚁巢。

（2）在 $4 \sim 6$ 月，掌握白蚁分飞时，安装灯光诱杀有翅繁殖蚁。也可每亩挖 10 个土坑，坑深 $30 \sim 40cm$、长宽各 $40 \sim 50cm$，坑内放松木皮、桉树皮、甘蔗渣、木薯茎等，并洒上稀的红糖水（或加少量洗米水），然后用松针或稻草盖上，再用泥土铺平进行诱集。每 $10 \sim 15d$ 后将诱集的白蚁集中用 75% 灭蚁灵粉进行杀灭。

（3）及时用药喷淋蚁巢、蚁路或受害植株根茎，或喷在土坑中的诱饵上。有效药剂有 80% 敌敌畏乳油 500 倍液，或 50% 氯丹乳油或 25% 七氯 1 000 倍液。

五、黑翅土白蚁

黑翅土白蚁属等翅目白蚁科。分布于黄河、长江以南各省区。寄主植物为樱花、梅花、桂花、桃花、广玉兰、红叶李、月季、栀子花、海棠、蔷薇、蜡梅、麻叶绣球等。

形态特征 有翅繁殖成蚁体长 12~16mm，棕褐色或黑褐色，触角 11 节；前胸背板后缘中央向前凹入，中央有一淡色"十"字形黄色斑，两侧各有一圆形或椭圆形淡色点，其后有一小而带分支的淡色点。蚁王为雄性有翅繁殖蚁发育而成，体较大，翅异脱落，体壁较硬，体略有收缩。蚁后为雌性

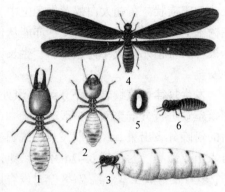

图 116　黑翅土白蚁

1. 兵蚁　2. 工蚁　3. 蚁后　4. 有翅生殖蚁
5. 卵　6. 蚁王

有翅繁殖蚁发育而成，体长 70~80mm；无翅，色较深；体壁较硬，腹部特别大，白色腹部上呈现褐色斑块。末龄兵蚁体长 5~6mm；头部深黄色，胸、腹部淡黄色至灰白色，头部发达，背面呈卵形，长大于宽；复眼退化；触角 16~17 节；上颚镰刀形，在上颚中部前方，有一明显的刺。

末龄工蚁体长 4.6~6.0mm，头部黄色，近圆形。胸、腹部灰白色。卵长椭圆形，长约 0.8mm，乳白色。

危害症状 以工蚁危害树皮及浅木质层，以及根部。造成被害树干外形成大块蚁路，长势衰退。当侵入木质部后，则树干枯萎；尤其对幼苗，极易造成死亡。采食危害时做泥被和泥线，严重时泥被环绕整个干体周围而形成泥套，其特征很明显。

发生规律 每年 3 月开始出现在巢内，4~6 月在靠近蚁巢地面出现羽化孔，羽化孔突圆锥状，数量很多。在闷热天气或雨前

傍晚 7 时左右，爬出羽化孔穴，群飞天空，停下后即脱翅求偶，成对钻入地下建筑新巢，成为新的蚁王、蚁后繁殖后代。

防治方法

（1）用松木、甘蔗、芦草等坑埋于地下，保持湿润，并施入适量农药，如施入"灭蚁灵"等，诱杀工蚁。每年从芒种到夏至的季节，如地面发现有草祠菌（鸡枞菌、三踏菌、鸡枞花），地下必有生活蚁巢，应进行人工挖除。

（2）发现蚁路和分群孔，可选用 70%灭蚁灵粉剂喷施蚁体，导致传播灭蚁的功能。

六、海南土白蚁

海南土白蚁属等翅目白蚁科。分布于福建、广西、云南、广东、海南等地。寄主植物为橡胶树、荔枝、油桐等。

形态特征　兵蚁头深黄色，腹部淡黄或灰白色而微具红色，头毛被稀疏，腹部毛被较密；头为椭圆形，两侧缘弓形弯曲，头的最宽处常在头的中部；后须显著地突向腹面，表面弯曲，后须后端比前端宽，上颚较细，弯曲度较缓，仅前端略弯曲，左上颚齿位于前部 1/3 处，齿尖锐，齿尖斜向前，右上颚在相对部位稍后方有 1 颗很小而不明显的粒状齿；上唇侧缘弯曲并有长毛，唇端狭窄，在上颚缘之后；触角 15~16 节，第 2 节长于第 3 节及第 4 节，触角 15 节时，第 3 节短于第 4 节，16 节时，第 3 节长于第 4 节，5 节之后逐节渐膨大；前胸背板前缘及后缘中央有凹刻。有翅成虫头、胸、腹背板为黑褐色，头和腹部腹面为棕黄色，上唇后半部淡橙色，前半部橙红色；单眼远离复眼，单复眼之间的距离显著大于单眼自身的长度。翅较短。

危害症状　主要危害橡胶的芽接苗、增殖苗、定植苗和树皮损伤的成年树，导致胶苗死亡和影响橡胶胶水产量；也危害油棕，导致长势弱，影响油棕产量。

防治方法

防治同黑翅土白蚁。

第十六章　木虱类

一、中国梨木虱

　　中国梨木虱属同翅目木虱科。分布于辽宁、河北、山东、内蒙古、山西、宁夏、陕西。寄主植物为梨树。

　　形态特征　成虫分冬型和夏型，冬型体长 2.8~3.2mm，体褐色至暗褐色，具黑褐色斑纹；夏型成虫体略小，黄绿色，翅上无斑纹，复眼黑色，胸背有 4 条红黄色或黄色纵条纹。卵长圆形，一端尖细，具一细柄。若虫扁椭圆形，浅绿色，复眼红色，翅芽淡黄色，突出在身体两侧。

危害症状 常群集危害梨树的嫩芽、新梢和花蕾。春季成虫、若虫多集中于新梢、叶柄危害，夏秋季则多在叶背吸食危害。成虫及若虫吸食芽、叶及嫩梢，受害叶片叶脉扭曲，叶面皱缩，产生枯斑，并逐渐

图 117　中国梨木虱成虫

变黑，提早脱落。若虫在叶片上分泌大量黏液，常使叶片粘在一起或粘在果实上，诱发煤污病，污染叶和果面。

发生规律 辽宁1年发生3~4代，河北、山东1年发生4~6代，浙江1年发生5代，世代重叠，以冬型成虫在树皮缝、落叶、杂草及土缝中越冬。1年发生4~5代的地区，越冬代成虫在翌年3月上中旬梨树花芽萌动时开始活动，4月初为越冬代成虫产卵盛期。4月下旬至5月初为第1代若虫盛发期。浙江越冬代成虫在2月中下旬开始活动，以3月上旬梨树花芽萌动时最多（越冬成虫出蛰盛期），4月上旬开始孵化，4月中下旬为孵化盛期。各代成虫出现期：第1代5月上旬至6月中旬，第2代6月上旬至7月中旬，第3代7月上旬至8月下旬，第4代8月上旬开始发生，9月中下旬出现第5代成虫，全为越冬型。

防治方法

（1）冬季清园，秋末早春刮除老树皮，清理残枝、落叶及杂草，集中烧毁或深埋，同时树冠枝芽、地面全面喷布3~5波美度石硫合剂，消灭越冬成虫。

（2）药剂防治重点抓好越冬成虫出蛰期和第1代若虫孵化盛期喷药。药剂可选用25%阿克泰5 000~6 000倍液，或10%吡虫啉可湿性粉剂1 500~2 000倍液，或5%啶虫脒可溶性粉剂2 500~3 000倍液，或52.25%农地乐乳油1 500~2 000倍液，1次即可

基本控制危害。另外，第 1 代若虫发生时期比较齐，此时喷布 50%久效磷 3 000 倍液或乙酰甲胺磷 1 000 倍液，也可收到很好防效。

（3）保护花蝽、草蛉、瓢虫、寄生蜂等天敌昆虫。

二、枸杞木虱

枸杞木虱属同翅目木虱科。分布于宁夏、甘肃、新疆、陕西、河北、内蒙古等。寄主植物为苹果、梨、桃、橘、柚、枸杞、龙葵等。

形态特征　成虫体长 3.75mm，体黄褐至黑褐色具橙黄色斑纹。复眼大，赤褐色。触角基节、末节黑色，余黄色；末节尖端有毛，额前具乳头状颊突 1 对。前胸背板黄褐色至黑褐色，小盾片黄褐色。前中足节黑褐色，余黄色，后足腿节略带黑色，余为黄色，胫节末端内侧具黑刺 2 个，外侧 1 个。腹部背面褐色，近基部具 1 蜡白横带，十分醒目，是识别该虫重要特征之一。端部黄色，余褐色。翅透明，脉纹简单，黄褐色。卵长约 0.3mm，长椭圆形，具一细如丝的柄，固着在叶上，酷似草蛉卵。橙黄色，柄短，密布在叶上别于草晴蛉卵。若虫扁平，固着在叶上，如似介壳虫。末龄若虫体长约 3mm，宽约 1.5mm。初孵时黄色，背上具褐斑 2 对，有的可见红色眼点，体缘具白缨毛。若虫长大，翅芽显露覆盖在身体前半部。

危害症状　以成虫、若虫枝叶上刺吸汁液，致叶黄枝瘦，树势衰弱，浆果发育受抑，品质下降，造成春季枝干枯。

发生规律　北方 1 年发生 3~4 代，以成虫在土块、树干上、枯枝落叶层、树皮或墙缝处越冬。翌春枸杞发芽时开始活动，把卵产在叶背或叶面，黄色，密集如毛，6~7 月盛发。成虫多在叶背栖息，抽吸汁液时常摆动身体。

防治方法

（1）在成虫越冬期破坏其越冬场所，清理枯枝落叶，减少越冬成虫数量。

（2）在春天成虫开始活动前，进行灌水或翻土，消灭部分虫源。

（3）在成虫、若虫高发期药剂防治，可用 80% 敌敌畏乳油，或 90% 敌百虫结晶 1 000 倍液，或 50% 辛硫磷乳油、25% 扑虱灵乳油 1 000~1 500 倍液，或 1% 7051 杀虫素乳油、2.5% 功夫乳油 2 000~3 000 倍液，或 15% 蚜虱绝乳油、2.5% 天王星乳油 3 000~4 000 倍液喷雾。

三、柑橘木虱

柑橘木虱属同翅目木虱科。分布于西南、华南、华东、台湾等地。寄主植物为枸橼、柠檬、雪柑、黎檬、桶柑、芦柑、红橘、柚、黄皮、月月橘、罗浮、代代、十里香等。

形态特征　成虫体约 3mm，全体青灰色而有褐色斑纹，体被白粉；触角 10 节，末端具 2 条不等长硬毛；前翅半透明，散布褐色斑纹；后翅无色透明。卵长 0.3mm，果形，橙黄色，基部有短柄固定在嫩叶上。若虫共 5 龄，末龄体长约 6mm，扁椭圆形，暗黄色，3 龄后变为黄褐相杂。各龄腹部周缘分泌有短蜡丝。

危害症状　以成虫和若虫在柑橘嫩梢幼叶新芽上吸食危害，导致嫩梢幼芽干枯萎缩，新叶畸形卷曲。若虫的分泌物常引致煤污病。

发生规律　华南地区 1 年发生 8~11 代，以成虫在叶背越冬。翌年春在新梢嫩芽上产卵，以后虫口密度渐增，危害各个梢期，秋梢（7~8 月）发生最多，春梢（2~3 月）和夏梢（4~6

月）也受其害。成虫分散在叶背或芽上栖息吸食，能飞会跳。若虫集中在新梢危害。常见天敌有六斑月瓢虫、双带盘瓢虫和异色瓢虫等，均捕食若虫。若虫寄生蜂以印度的一种姬小蜂寄生率较高。

图 118　柑橘木虱成虫

防治方法

（1）注意树种布局，加强栽培管理。在成片的果园最好种植一种柑橘树种；加强树冠管理，摘除零星枝梢；培育无病苗圃，注意隔离种植。

（2）种植防护林。有一定的荫蔽，利于天敌的活动。

（3）在木虱发生的嫩梢抽发期，用40%乐果乳油1 000～2 000倍液，或50%敌敌畏乳剂1 000倍液，或25%亚胺硫磷乳剂400倍液，或松脂合剂15～20倍液进行防治。

四、梧桐木虱

梧桐木虱属同翅目木虱科。分布于陕西、河北、河南、山西、山东、江苏、浙江、安徽、福建、贵州、江西、广东、广西等地。寄主植物为梧桐、楸树、梓树。

形态特征　雌成虫黄绿色，体长4～5mm，复眼深赤褐色；触角丝状，黄色，最后两节黑色。卵略呈纺锤形，一端稍尖，长约0.7mm，初产时黄白色或黄褐色，孵化前变为淡红褐色。末龄若虫体略呈圆柱形，被较厚的白色蜡质物，全体灰白而微带绿色，体长3.4～4.9mm。

危害症状　以若虫、成虫在梧桐叶片或幼枝嫩干上吸食树液，尤以幼树受害最大。若虫分泌的白色棉絮状蜡质物，将叶面气孔堵塞，影响叶部正常的光合作用和呼吸作用，使叶面呈现苍白萎缩症状。分泌物中含有糖分，还常诱致霉菌寄生，危害严重时，树叶早落，枝梢干枯，表皮粗糙脆弱，易受风折。

发生规律 在河南郑州地区，该虫1年发生2代，以卵越冬。翌年5月初越冬卵开始孵化，若虫期30d以上，6月上旬开始羽化，下旬为羽化盛期；7月中旬孵化为第2代若虫，8月上中旬第2代成虫出现，8月下旬开始产卵，主要产于主枝下面近主干处。常在侧枝下面或表面粗糙处过冬。

防治方法

（1）在危害期喷清水冲掉絮状物，可消灭许多若虫和成虫。

（2）喷洒10%吡虫啉可湿性粉剂2 000倍液，或1.8%阿维菌素乳油2 500~5 000倍液，再加洗衣粉300~500倍液，可提高药效，10d后再喷1次，防治成虫、若虫效果较好。

（3）在若虫初龄期或大发生期先用稀释100倍的生态箭杀菌消毒，再用稀释1 500倍的绿丹二号喷施，或者直接用树体杀虫剂进行树干注射，防治效果十分有效。

（4）结合冬剪，除去多余侧枝。另外，可用石灰15~16kg、牛皮胶250g、食盐1 000~1 500g配成白涂剂，涂抹于树干，消灭过冬卵。

（5）注意保护和利用寄生蜂、瓢虫、草蛉等天敌昆虫。

五、合欢木虱

合欢木虱属同翅目木虱科。分布于宁夏、北京、河北、山西、陕西、山东、江苏、浙江、湖北、四川、贵州、甘肃等地。寄主植物为合欢、山槐等。

形态特征 越冬型成虫体长5mm，深褐色；复眼红色，单眼3个，金红色。中胸盾片上有4条红黄色纵纹；翅透明，翅脉褐色。夏型成虫体长 4~4.5mm，绿色至黄绿色，中胸盾片上有 4 条黄色纵纹，前翅略黄，翅脉淡黄褐色。触角黄色至黄褐色，头与胸约等宽。前胸背板长方形，侧缝伸至背板两侧缘中央。前翅长为宽的 2.4~2.5 倍，前翅长椭圆形，翅痣长三角形，后翅长为宽的 2.7~3.0

图 119 合欢木虱成虫

倍。后足胫节具基齿，胫端具 5 个，内 4 外 1，基跗节具 2 个爪状距。卵黄色，呈卵圆形，一端尖细，并延伸成一根长丝；一端钝圆，其下具有 1 个刺状突起，固着于植物组织上。若虫初孵时呈椭圆形，淡黄色，复眼红色，3 龄以后翅芽显著增大，体呈扁圆形，体背褐色，其中有红、绿斑纹相间。

危害症状 若虫群集在合欢嫩梢、花蕾、叶片上刺吸危害，造成植株长势减弱，枝叶疲软、皱缩，叶片逐渐发黄、脱落。

发生规律 一年发生 3~4 代。以成虫在树皮裂缝、树洞和落叶下越冬。翌年春天当合欢叶芽开始萌动时，越冬成虫产卵于叶芽基部或梢端，以后各代的成虫则将卵分散产于叶片上。若虫期 30~40d。

防治方法

（1）冬末春初喷施乐斯本药剂 1 000 倍液，或 10% 杀灭菊酯乳油 1 000 倍液，喷施在合欢枝干和周围杂草上，消灭越冬成虫。

（2）危害期选用艾美乐 30 000 倍液，或乐斯本药剂 1 500 倍液喷雾，或杀虫素 1∶2 000 倍或吡虫啉 2 000 倍液，或烟参碱 1 000 倍液，或依他（丙溴辛硫磷）1 200 倍 + 乐克（甲维盐）3 000 倍混合液进行喷雾。

六、中国梨喀木虱

中国梨喀木虱属同翅目木虱科。分布于甘肃、青海、陕西、河北、山东、河南、新疆等省。寄主植物为香梨、鸭梨、砀山梨、慈梨、早酥梨、苹果梨、巴梨和杜梨等。

形态特征 成虫有深褐色和黄绿色两种；复眼红色，单眼金红色；中胸背板有红黄色或黄色的纵纹；翅透明或略黄。冬型成虫深褐色。若虫初孵时身体椭圆形，淡黄色，复眼鳞红色；3龄以后，体呈扁圆形，体背红褐色，并带有绿、红相间的斑纹。

图 120 中国梨喀木虱成虫

危害症状 以成虫、若虫刺吸梨树芽、花、嫩梢和叶片汁液，影响梨树生长，降低了香梨的产量和品质；若虫分泌蜜露，诱发黑霉，污染树体和果实。

发生规律 此虫1年3~5代，以4代为多。以成虫越冬，越冬场所多选择树皮缝、杂草、落叶及土隙中。一般于翌年3月上旬活动；第1代卵3月出现，4月为多；第1代成虫5月出现，第2代6月，第3代7月，第4代8月，以后越冬。成虫善跳跃，无假死性，而在短果枝叶痕上为多，成虫繁殖力强。该虫在库尔勒地区1年发生5代，主要以成虫越冬，全年种群有3个高峰期，分别在4月上旬、6月上旬、9月中下旬，种群从第2代起世代重叠，9月下旬开始进入越冬状态。

防治方法

（1）早春可刮除树皮，清洁果园，消灭越冬的成虫。

（2）抓住越冬代和第1代成虫期的防治，选用5波美度石硫合剂，或20%融杀蚧螨可湿性粉剂100倍液，或28%硫氰乳油800~1 200倍液，或5%卡死克4 000倍液喷雾。

（3）结合农业措施，有效地保护和利用天敌，具有很好的防治效果。

七、山楂喀木虱

山楂喀木虱属同翅目木虱科。分布于吉林、辽宁、河北、山西等地。寄主为山楂树。

形态特征 成虫体长2.6~3.1mm，初羽化时草绿色，后渐变为橙黄色至黑褐色；头顶土黄色，中缝长约0.2mm，黑色，两侧略凹陷；颊锥长约0.2mm，黑色；复眼褐色，单眼红色；触角土黄色，端部5节黑色；胸宽0.6mm，前胸背板窄带状，黄绿色，中央具黑斑，中胸背面有4条淡色纵纹；翅透明，翅脉黄色，前翅外缘略带色斑；腹部黑褐色每节后缘及节间色淡。卵略呈纺锤形，长0.3~0.4mm，宽0.1~0.2mm。顶端稍尖，具短柄。初产时乳白色，渐变橘黄色。若虫共5龄。末龄若虫草绿色，复眼红色，触角、足、喙淡黄色，端部黑色。翅芽伸长。背中线明显，两侧具纵、横刻纹。

危害症状 初孵若虫多在嫩叶、嫩梢上取食，后期孵出的若虫在花梗、花苞处甚多，被害花萎蔫、早落。大龄若虫多在叶裂处活动取食，被害叶扭曲变形、枯黄早落。

发生规律 辽宁1年发生1代，以成虫越冬。翌年3月下旬平均温度达5℃时，越冬成虫出蛰危害，补充营养，4月上旬交尾，卵产于叶背或花苞上。初孵若虫多嫩叶背面取食，尾端分泌白色蜡丝。5月下旬，若虫、成虫羽化，成虫善跳，有趋光性及假死性。

防治方法

（1）刮树皮、清洁果园，并将刮下的树皮与枯枝落叶、杂草等物集中烧毁，以消灭越冬成虫，压低虫口密度。

（2）3月下旬至4月上旬成虫出蛰盛期喷洒下列药剂：40%乐果乳油1 000~1 500倍液；25%噻嗪酮乳油2 000~2 500倍液，或52.25%氯氰菊酯·毒死蜱乳油1 500~2 000倍液；现蕾期喷10%吡虫啉可湿性粉剂2 000~3 000倍液，或1.8%阿维菌素乳油3 000~4 000倍液，或20%双甲脒乳油800~1 000倍液药杀若虫。

八、沙枣木虱

沙枣木虱属同翅目木虱科。分布于甘肃、宁夏、陕西、内蒙古、新疆等地。寄主植物为沙枣、枣。

形态特征　成虫体长2.5~3.4mm，深绿至黄褐色；复眼大、突出，赤褐色；触角丝状10节，端部2节黑色，顶部生2毛；前胸背板弓形，前、后缘黑褐色，中间有2条棕色纵带；中胸盾片有5条褐色纵纹；翅无色透明，前翅三条纵脉各分2叉；腹部各节后缘黑褐色。卵

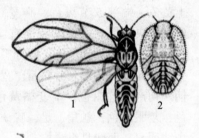

图121　沙枣木虱
1. 成虫　2. 若虫

长约0.3mm，略呈纺锤形，具一短的附丝，淡黄色。若虫长2.3~3.3mm，黄白至灰绿色，扁椭圆形，体表被有白色绵状物。

危害症状　以成虫、若虫刺吸幼芽、嫩枝和叶的汁液，幼芽被害常枯死，被害叶多向背面卷曲，严重者枝梢死亡，削弱树势，大量落花、落果。

发生规律　1年发生1代，以成虫在落叶、杂草、树皮缝及

树干上枯卷叶内越冬。翌年 3 月气温达 6℃时开始活动。4 月上旬至 6 月上旬交配产卵，交配产卵多在早晨和傍晚，萌芽期卵各产于芽上，数粒在一起，展叶后多产于叶背，卵一端插入叶肉内。5 月上旬开始孵化，下旬为盛期。若虫期 45~50d，5 龄若虫危害最重，虫口密度大时，排出的蜜露使枝叶发亮。6 月中至 7 月羽化。成虫寿命长达 1 年左右，白天群集叶背危害，至 10 月下旬气温达 0℃以下时，始进入越冬。天敌有花蝽、瓢虫、草蛉、蓟马等。

防治方法

（1）利用沙枣树萌发力强和沙枣木虱专一寄主产卵的特性，对受害沙枣林分 2 次樵采，使其成虫产卵与新萌发叶片不遇。

（2）及时清除林下杂草和枯枝落叶，破坏越冬场所可降低越冬虫口基数。

（3）冬季对沙枣林进行 1~2 次冬灌，消灭在落叶下、杂草间越冬的成虫，以减少虫源。

（4）沙枣木虱天敌种类达 10 多种，主要有啮小蜂、丽草蛉、大草蛉、异色瓢虫、白条逍遥蛛等。

（5）化学防治。①用农药常规喷雾。②施放烟剂。对郁闭度 0.5 以上、面积在 3.33hm² 以上的沙枣片林，可选用 741 烟剂或敌马烟剂施放，防治沙枣木虱。③超低量喷雾。用杀虫净、杀虫脒或杀虫快、乐果乳油与农用柴油 1:1 混合进行超低量喷雾，防治沙枣木虱。

第十七章　其他类

一、茶枝镰蛾

茶枝镰蛾属鳞翅目镰蛾科。分布于江苏、安徽、浙江、福建、江西、河南、湖南、广东、四川、贵州、云南、湖北、台湾等地。寄主植物为茶树、油茶。

形态特征　成虫体长 15~18mm，翅展 32~40mm。体、翅茶褐色；触角黄白色丝状；下唇须长，上弯；前翅近方形，沿前翅前缘外端生 1 条土红色带，外缘灰黑色，内侧具一土黄色大斑，

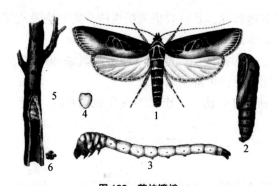

图 122 茶枝镰蛾

1. 成虫 2. 蛹 3. 幼虫 4. 卵 5. 危害状 6 虫粪

斑中央具一狭长三角形黑带纹指向顶角处，其后具灰白色纹分割的 2 个黑褐色斑，近翅基中部具红色隆起斑块；后翅灰褐色较宽；腹部各节生有白色横带。卵长约 1mm，马齿形，浅米黄色。蛹长 30~40mm，头细小，头部黄褐色，中央生一个浅黄色"人"字形纹，胸部略膨大；前胸和中胸背板浅黄褐色，前胸、中胸间背面有 1 个隆起的乳白色肉瘤，后胸和腹部为白色，背部稍呈浅红色，腹末臀板黑褐色。蛹长 18~20mm，长圆柱形，黄褐色，腹末具突起 1 对。

危害症状 幼虫从上向下蛀食枝干，致茶枝中空、枝梢萎凋，日久干枯，大枝也常整枝枯死或折断。

发生规律 1 年生 1 代，以老熟幼虫在受害枝干中越冬。安徽南部及湖南长沙越冬幼虫于翌年 4 月下旬后化蛹，5 月上中旬进入化蛹盛期，5 月下旬至 7 月成虫羽化后交尾产卵，6 月上中旬进入羽化高峰期，6 月下旬幼虫盛发，8 月上旬后开始见到枯梢。

防治方法

（1）8 月中旬发现有虫梢及时剪除，冬季、翌春要细心检查有虫枝并齐地剪除，及时收集风折虫枝，集中烧毁或深埋，可压低虫口，减少危害。

（2）必要时用脱脂棉蘸 80% 敌敌畏乳油 40~50 倍液，塞进虫孔后用泥封住，可毒杀幼虫。

（3）利用灯火诱杀，连续 2~3 年也很有效。

二、茶木蛾

茶木蛾属鳞翅目木蛾科。分布于安徽、湖南、江苏、浙江、四川、广东、广西、云南、贵州、台湾等地。寄主植物为茶树、油茶、相思树等。

形态特征 成虫体长 8~10mm，翅展 19mm，头部及颜面棕色，翅上有银白色放光泽的鳞片，无花纹，前翅、后翅缘毛银白色。卵球形，乳黄色。末龄幼虫体长约 15mm，头红褐色，前胸硬皮板黑褐色，中胸红褐色，腹部各节具黑色小点 6 对，前列

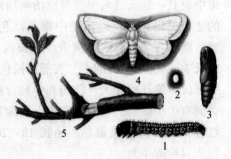

图 123　茶木蛾

1. 幼虫　2. 卵　3. 蛹　4. 成虫　5. 危害状

4 对，后列 2 对，黑点上着生 1 根细毛。蛹长约 8mm，圆柱形，红褐或黄褐色，腹末有 1 对三角形刺突。

危害症状 初孵幼虫吐丝缀 2 个叶片潜居咀食表皮和叶肉，3 龄后开始蛀害枝梢并吐丝黏合木屑、虫粪，形成黄褐色沙堆网袋。有的蛀入茎干分杈处，破坏输导组织。

发生规律 1 年发生 1 代，仅台湾 1 年发生 2 代，以老熟幼虫在受害枝内越冬。翌年 5 月化蛹，6 月羽化，把卵产在嫩叶背

面，7 月上旬进入羽化盛期，7 月中旬后卵陆续孵化为幼虫，世代重叠。成虫寿命 3~5d，有趋光性。幼虫怕光，隐居在虫道内取食，有的把老叶搬入巢内取食。幼虫期 300d 左右，老熟后在虫道里吐丝作茧化蛹。

防治方法

（1）加强茶树管理，使其生长发育正常，减少虫害。

（2）必要时剔除茶拳或枝干上的虫粪，再把 50% 杀螟松乳油 50 倍液注入虫道内。

三、茶梢蛾

茶梢蛾属鳞翅目尖翅蛾科。分布于浙江、江苏、安徽、江西、福建、湖南、四川、重庆、贵州、云南等地。寄主植物为茶、油茶和山茶。

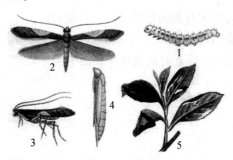

图 124 茶梢蛾
1. 幼虫 2、3. 成虫 4. 蛹 5. 危害状

形态特征 成虫体长 5~7mm，深灰色，有金属光泽；触角丝状，比前翅稍长；前翅狭长，翅面有许多小黑点，翅中部近后缘有 2 个黑色圆斑；后翅狭长呈匕首形，前、后翅后缘均有长缘毛。卵椭圆形，淡黄色。幼虫成长后体长 7~9mm，头部深褐色，

胸、腹部蜜黄色，披稀疏短毛，腹足不发达。蛹黄褐色，近圆柱形，长约5mm，末端有1对向前伸出的淡黄色棒状突起。

危害症状　以幼虫蛀食茶树顶部新梢危害，造成新梢枯死。局部茶区发生严重，影响茶叶产量。

发生规律　秦巴山区1年发生1代，以幼虫在枝梢虫道内越冬。翌年5~6月化蛹，6~7月下旬，成虫开始羽化产卵，卵产于茶树中下部枝梢叶柄附近，7月上旬开始陆续孵化。幼虫孵化后爬至叶背潜入叶内，在上下表皮间啃食叶肉，形成虫斑。10月以后，幼虫陆续从叶片移到枝梢上，从节间蛀入枝梢内危害并越冬，有时，转移的时间可持续至翌年3月。幼虫进入枝梢后，顶端芽叶常枯死，但不立即脱落，在茶丛中极为明显。幼虫在枝梢内的蛀食虫道长约10cm，枝梢上有圆形孔洞，下方的叶片上常有散落的黄色颗粒虫粪。

防治方法

（1）调运苗木时加强检验，防止传播蔓延。

（2）在成虫羽化前的冬春季节进行全园修剪，修剪的深度以剪除幼虫为度，剪下的茶梢叶片要集中园外处理，进行烧毁或深埋。

（3）合理使用化学农药，尽可能少施化学农药，保护茶园中的茧蜂、小蜂、寄生蝇、蜘蛛、步行虫、蜻蜓等天敌，抑制茶梢蛾的发生。

（4）在幼虫孵化后（7月中下旬）至转蛀枝梢越冬前（10月）喷施80%敌敌畏乳剂1 500倍液，或2.5%天王星乳油3 000倍液，或50%巴丹粉剂1 500倍液。喷药时务必将有虫斑的叶背喷湿。

四、甘蔗黄螟

甘蔗黄螟属鳞翅目小卷叶蛾科。分布于广东、广西、海南、台湾、福建、浙江、云南等地。寄主植物为甘蔗。

形态特征　成虫体长5~9mm，翅展5~8mm，深灰褐色，斑纹复杂。复眼大，具青蓝色光泽。前翅中央具一"Y"形黑斑纹。后翅暗灰色。卵长约1.2mm，扁椭圆形，白色至乳黄色，近孵化时现赤色斑纹。末龄幼虫体长22mm，浅黄色，头赤褐色，前胸背板黄褐色，两颊

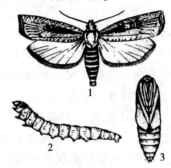

图125　甘蔗黄螟
1. 成虫　2. 幼虫　3. 蛹

生有楔状形黑色纹，胸部、腹部背面具小突起，突起上有毛。蛹长8~12mm，黄褐色。

危害症状　苗期幼虫危害甘蔗生长点，致心叶枯死形成枯心苗；萌发期、分蘖初期造成缺株，有效茎数减少；生长中后期幼虫蛀害蔗茎，破坏茎内组织，影响生长且含糖量下降，遇大风蔗株易倒。

发生规律　广东、广西1年发生6~7代，海南、台湾1年发生7~8代，无明显休眠期。世代重叠，终年危害。广东珠江三角洲3月中下旬成虫产卵，5月迅速增加，6月进入产卵盛期，7月中下旬渐减，8~10月很少，11~12月卵量又趋回升，田间出现枯心苗。广西全年可见6~7次高峰，其中3~6月发生量大，危害宿根蔗和春植蔗的蔗苗。福建则于8、9月出现2个危害高峰。

防治方法

（1）选用闽糖 69/421、闽选 703、华南 56/21、平沙 68/22 等抗虫品种。

（2）冬、春植甘蔗不宜与秋植蔗田相邻，减少传播蔓延。

（3）砍除枯心苗或多余分蘖。

（4）留宿根蔗田，低斩蔗茎，及时处理蔗头及枯枝残茎，消灭地下部越冬幼虫。

（5）释放红蚂蚁。也可在 1、2 代产卵期释放赤眼蜂各 2 次，甘蔗生长期 1 次或 2 次，每亩每次放 1 万头，安排 5~6 个释放点。全年放蜂 8~9 次。

（6）每亩安放一诱捕盆，放入人工合成的性激素，可诱杀大量前来交配的雄蛾，致雌蛾不能交配。

（7）用 3%克百威颗粒剂每亩 4~5kg 或 3%甲基异柳磷颗粒剂 5~6kg，或 3%映甲颗粒剂（克百威、甲基异柳磷合剂）4~5kg，或 5%杀虫双 5kg，分别在下种后且施足基肥情况下，均匀地施用上述农药之一种即可。

（8）掌握在卵孵化盛期往甘蔗茎节处喷洒 90%晶体敌百虫 500~800 倍液，或 50%杀螟丹可湿性粉剂 1 000 倍液，或 50%杀螟硫磷乳油 1 000 倍液，或 25%杀虫双水剂 200 倍液，或 50%易卫杀可溶性粉剂 100g 对水 40~50kg。